Bruno de Finetti (Ed.)

Induzione e statistica

Lectures given at the
Centro Internazionale Matematico Estivo (C.I.M.E.),
held in Varenna (Como), Italy,
June 1-10, 1959

 Springer

C.I.M.E. Foundation
c/o Dipartimento di Matematica "U. Dini"
Viale Morgagni n. 67/a
50134 Firenze
Italy
cime@math.unifi.it

ISBN 978-3-642-10931-7   e-ISBN: 978-3-642-10934-8
DOI:10.1007/978-3-642-10934-8
Springer Heidelberg Dordrecht London New York

Springer.com

CENTRO INTERNATIONALE MATEMATICO ESTIVO
(C.I.M.E)

Reprint of the 1st ed.- Varenna, Italy, June 1-10, 1959

INDUZIONE E STATISTICA

CENTRO INTERNAZIONALE MATEMATICO ESTIVO

(C.I.M.E.)

BRUNO DE FINETTI

LA PROBABILITA' E LA STATISTICA NEI RAPPORTI CON

L'INDUZIONE, SECONDO I DIVERSI PUNTI DI VISTA

ROMA - Istituto Matematico dell'Università - 1959

SOMMARIO

L'induzione secondo Bayes, la speranza morale di Daniele Bernoulli; motivi delle critiche cui diedero luogo. Teorie non-baye-
siane: costruzioni di Fisher, di Neyman-Pearson, di Wald. Concezione neo-bayesiana e neo bernoulliana su basi soggettive: fondamenti della probabilità, dell'induzione, della statistica, della
teoria delle decisioni. Schemi particolari di ragionamento induttivo: eventi scambiabili e parzialmente scambiabili, in particolare casi di tipo markoviano.

INDICE

LA PROBABILITA' E LA STATISTICA NEI RAPPORTI CON

L'INDUZIONE, SECONDO I DIVERSI PUNTI DI VISTA

di

BRUNO DE FINETTI

§1. INTRODUZIONE

Ragionare per induzione altro non vuol dire che *imparare dall'esperienza*: un fatto ovvio comune a tutti noi, ai bambini, agli animali [1], che è ben noto a tutti nei suoi aspetti sommari dall'osservazione quotidiana, e che in modo più approfondito viene studiato dagli psicologi sperimentali [8].

Parlare di "ragionamento" induttivo significa però, evidentemente, attribuire una certa validità a tale modo di apprendere, considerandolo non come il frutto di una capricciosa reazione psicologica, ma come un processo mentale suscettibile di venire analizzato interpretato giustificato.

Disgraziatamente una tale discussione porta in genere nel

----

(1)
    Ciò che fa dire con ragione a Good [29] che la teoria delle probabilità è molto più antica del genere umano.

B.de Finet

ginepraio delle concezioni filosofiche, dove raramente l'essenza concreta dei problemi riesce a salvarsi dalla nebbia delle invenzioni verbali.

Nel nostro caso riesce particolarmente pregiudizievole la tendenza a sopravvalutare - spesso addirittura in modo esclusivo - la *ragione*, che, a mio avviso, è invece utilissima solo a patto di venir considerata come un complemento atto a perfezionare tutte le altre facoltà istintive intuitive psicologiche (ma non - guai! - a surrogarle).

Conseguenza di tale stortura è infatti l'erezione del ragionamento deduttivo a modello (benchè tutte le verità non vuotamente tautologiche siano basate su altro!). Così il ragionamento induttivo viene generalmente considerato come qualcosa di appartenente a un livello più basso, da accogliere con riserva e diffidenza,o, peggio, quando si tenta di dargli dignità, si cerca di snaturarlo facendolo apparire come qualcosa che possa quasi farsi rientrare nel ragionamento deduttivo [2]

Come - nelle grandi linee - è stato chiaramente riconosciuto fin dall'analisi dell'idea di causa per opera di Hume [34], il ragionamento induttivo deriva anzitutto dall'associazione delle idee legata all'impressione di "analogia" fra certi fatti,e quindi a quella derivante dalla impressione di un'associazione tra fatti diversi ("causa ed effetto", nella terminologia più primitiva).

____

[2]
Postulando qualcosa come la "necessaria esistenza di leggi naturali" con particolarità più o meno prestabilite, si può naturalmente camuffare da "deduttivo" un ragionamento induttivo. Tutte le concezioni che considerano il determinismo come postulato necessario per la possibilità stessa della scienza si basano sostanzialmente su tale presupposto e negano quindi il ragionamento induttivo nella sua natura genuina.

B.de Finetti

E' a questo punto che, al fine di render preciso ciò che può esser reso preciso in siffatte considerazioni apparentemente del tutto vaghe, si deve far intervenire la matematica.

Qual'è l'apporto della matematica? Può essa portare chiarimenti alle questioni concettuali? Strumenti per la loro formulazione logica? Metodi generali o particolari per le applicazioni o per certi tipi di applicazioni?

Cominciamo col rilevare che anche nella matematica, che pure è il regno delle verità tautologiche, non è affatto escluso ed è anzi necessario il ragionamento induttivo. E' necessario nel momento creativo, perchè nessuno si accingerebbe a cercar di dimostrare un teorema se non vi attribuisse una certa verosimiglianza. Come dice P.Levy ([46], prefaz.),chi vuole arrivare a un certo punto deve pur vederlo con gli occhi (l'intuizione) prima di raggiungerlo usando altrettanto necessariamente i piedi (la logica). Esemplificazioni profonde al riguardo sono date in particolare da H.Poincaré [65],[66] e G.Polya [67].

Ma queste non sono che considerazioni incidentali, utili solo per illustrare l'ampiezza del campo d'applicazione del ragionamento induttivo; quello che ci interessa effettivamente è viceversa il ruolo della matematica nel ragionamento induttivo, nella teorizzazione di esso, ossia nella sua esatta formulazione e impostazione.

E' chiaro (a parte dubbiosità cui fra poco accenneremo) che l'argomento dell'induzione diverrà suscettibile di trattazione matematica non appena la matematica troverà (al di là dell'algebra di Boole per tradurre la logica del certo) uno strumento adeguato per padroneggiare la logica dell'incertezza; e tale strumento è la teoria delle probabilità. Le dubbiosità di cui occor-

B.de Fine

re far cenno sono quelle provenienti da certe tendenze a limitare il campo della teoria delle probabilità a zone ristrette, ove
ragioni di simmetria (come per i dadi) o regolarità statistiche
(come per il sesso di un nascituro) facilitano delle valutazioni
di probabilità e la concordanza in esse fra diversi individui.
Non è questa la sede per discutere espressamente tali questioni
preliminari; mi limito a dire che, secondo il mio punto di vista
(ripetutamente illustrato: v.p.es. [14], [16], [20]), nessuna discriminazione è giustificata: fra il campo totale dei fatti incerti
e i campi cui si pretenderebbe attribuire un ruolo privilegiato
non esiste alcuna differenza sostanziale che modifichi il senso
della nozione di probabilità [3]. Incidentalmente, anche discutendo di induzione, ci capiterà comunque spesso di discutere questioni strettamente connesse alla concezione della probabilità.

Il ruolo della teoria della probabilità nell'impostazione
della logica induttiva consiste nell'indicare come debba modificarsi la valutazione di probabilità relativa ad eventi futuri in
seguito al risultato di eventi osservati [4]: è questo il senso

---

[3]
    Fra le esposizioni di idee analoghe da parte di altri AA.
va segnalata quella breve ed efficace di Good in [29]. Opere in
tale indirizzo sono quelle di Ramsey [68], B.O. Koopman [43],
L.J. Savage [70] e dello stesso Good [27].

[4]
    Il termine "modificarsi", qui usato per comodità dato che
rende breve e apparentemente chiara l'espressione, è tuttavia
inesatto se lo s'interpreta come "correggere". La "probabilità
di un evento subordinata a un certo risultato" è *un'altra* probabilità e *non una migliore valutazione* dello stesso ente "probabilità di quell'evento". [Cfr. analoga citazione da Keynes nel
§5, con riferimento nella nota in calce [1]]. Chi gioca una cin-
quina al lotto ha probabilità $1/\binom{90}{5}$ di vincere; se assiste al-
l'estrazione, la sua probabilità cresce a $1/\binom{89}{4}$, $1/\binom{88}{3}$, $1/\binom{87}{2}$,
1/86, 1, man mano che vede uscire numeri giocati, o cade a zero
non appena esce un numero diverso. Ma queste successive probabilità non sono, evidentemente, correzioni della prima. Ciascuna è
la probabilità relativa allo stato d'informazione specificato; o-
gni valutazione è "provvisoria" nel senso che in definitiva la
probabilità sarà 1 o 0 quando sapremo che l'evento si è verificato o non si è verificato.

B.de Finetti

che ha nell'impostazione matematica la frase "imparare dall'esp-
rienza".

Da tale punto di vista, la logica induttiva si riduce sostanzialmente al teorema delle probabilità composte o alla sua variante appena un pò più elaborata chiamata *teorema di Bayes* :

$$(1) \qquad P\left(\frac{H}{E}\right) = P(H) \cdot \frac{P\left(\frac{E}{H}\right)}{P(E)} .$$

Esso mostra in che modo, apprendendo che si è verificato E, si
passa dalla valutazione *iniziale* (cioè: anteriore a tale apprendimento) della probabilità di H, che è P(H), a quella *finale*
(cioè: posteriore a tale apprendimento) che è $P(H/E)$ [5]. In sostanza, ciò non fa che precisare l'atteggiamento spontaneo di
chiunque accresce o diminuisce il credito a un'ipotesi a seconda
che apprende fatti che essa renderebbe più o meno verosimili o
spiegabili.

Non aggiungiamo precisazioni, che sarebbero premature dato
il fine meramente illustrativo delle considerazioni che stiamo
svolgendo in questo momento, e che incontreremo del resto nel
seguito. Ciò che si è detto basterà senz'altro per concludere la
presente introduzione pervenendo a indicare come il nesso ora
stabilito fra induzione e probabilità conduca in particolare al
nesso tra induzione e statistica, che è più specificamente l'argomento del presente ciclo.

A tal fine non rimane che da specificare alquanto la natura

---

(5)
    Qualche osservazione critica andrebbe fatta anche contro ta-
le interpretazione di $P(H/E)$, che più propriamente andrebbe de-
scritta come probabilità attribuita "ora" ad H sotto la condizione ipotetica che E dovesse verificarsi. Cfr. [17], §31, e cenni
nel §5 (nel "punto *4)*").

B.de Finet

dell'evento E che si suppone di aver osservato o di poter osservare. In generale esso consiste di un insieme di fatti distinti più o meno numerosi e almeno press'a poco "indipendenti" nel senso della teoria delle probabilità, subordinatamente all'ipotesi H da saggiare o a ciascuna delle impotesi H_j da confrontare.

Ciò significa che, scrivendo $E = E_1 E_2 ... E_q$, come prodotto logico dei fatti "singoli" che vogliamo distinguere, la probabilità $P(E/H)$ (o le probabilità $P(E/H_j)$) si esprime (esattamente se si suppone l'indipendenza, approssimativamente se la si suppone valida press'a poco) come prodotto delle probabilità $P(E_i/H)$ (rispettivamente delle $P(E_i/H_j)$). E dalla (1) scende facilmente che i rapporti tra le probabilità delle varie ipotesi vengono allora successivamente alterati nel modo rispondente all'osservazione di ciascuno singolarmente dei fatti $E_1, ..., E_q$.

E' specialmente facile ammettere l'indipendenza quando tali fatti E_i sono i più disparati. Ciò non fa che esprimere in sostanza la massima intuitiva secondo cui riteniamo praticamente accertata una tesi quando è suffragata da numerosi indizi a favore, anche se ciascuno di essi da solo non ci sembrerebbe probativo (principio del Cardinale Newman [58]).

Tre esempi del genere chiariranno il concetto.

Se un individuo è sospettato di un delitto, e si raccolgono dati e testimonianze su fatti comunque in relazione alla possibilità che egli sia il colpevole, l'insieme E di tutti i fatti E_i accertati può rendere praticamente certi della colpevolezza o dell'innocenza se quelli che ci spingono in un senso sono sufficientemente prevalenti, tenuto conto dell'opinione iniziale.

Così in guerra (o circostanze analoghe), se informazioni di-

10

B.de Finetti

sparate tendono ad avvalorare una certa ipotesi riguardo ai piani del nemico, potremo giungere - sempre partendo da un giudizio
iniziale di verosimiglianza - a considerare quella ipotesi come
praticamente sicura.

Lo stesso si può ripetere con riferimento a teorie scienti-
fiche, e l'esempio più adatto mi sembra quello della teoria della "deriva dei continenti" di Wegener. Nella sua opera [80] intesa a provare che i continenti si sono formati staccandosi e al-
lontanandosi, mentre inizialmente costituivano un unico blocco
(e in particolare l'America del Sud costituisce la parte che com-
baciava con la rientranza dell'Africa), vengono elencati e coor-
dinati fatti di natura diversissima, tratti dalla geografia, dal-
la geodesia, dalla geofisica, dalla geologia, dalla paleontolo-
gia, dalla biologia, dalla paleoclimatologia, ed insieme considerazioni sulla possibilità di spiegazioni fisiche circa le for-
ze che produrrebbero le traslazioni continentali.

Dalla prefazione a tale libro del Wegener, riproduciamo le
sue considerazioni che mi sembrano condensare i canoni del ragionamento induttivo, e in modo tanto più degno di apprezzamento
perchè dovuto a persona impegnata ad applicarlo in un campo concreto e difficile di ricerche, e pertanto aliena da possibili de-
formazioni professionali o pregiudizi filosofici da cui può non
essere immune chi si pone il problema in generale e in astratto,
come me e come altri che si trovano in situazioni analoghe, non
importa se in accordo o in disaccordo con le mie vedute.

Scrive dunque il Wegener (op.cit., p.16): " in un dato momento la terra può aver avuto un solo aspetto. Su ciò non si hanno
notizie dirette. Noi ci troviamo di fronte ad essa come il giudice dinanzi all'accusato che si rifiuta di dare spiegazioni e ab-

11

B.de Finetti

biamo il dovere di stabilire la verità in base ad indizi. Tutt

le prove che possiamo addurre hanno il carattere fallace degli

indizi. *Come giudicheremmo il giudice che emette il suo giudizio*

fondandosi solamente su una parte degli indizi a sua disposizione?"

"E' solo abbracciando tutti i rami della scienza geologica

che possiamo sperare di giungere alla verità, di tracciare cioè

un quadro che rappresenti con ordine la totalità dei fatti noti

e perciò possa pretendere di avere il maggior fondamento; e anche

in questo caso dobbiamo tener presente che ogni nuova scoperta,

da qualunque scienza essa provenga, può modificare i risultati

ottenuti".

E veniamo finalmente al caso della statistica.

Esso non differisce da quello illustrato nei precedenti e-

sempi se non per il fatto che gli eventi da osservare, $E_1, \ldots, E_q$,

anzichè disparati, sono *analoghi*, o addirittura (secondo un lin-

guaggio che giudico inammissibile) *uguali* [6]; secondo l'uso, po-

tremo dire che si tratta di "prove di uno stesso fenomeno".

Spesso tale "analogia" viene presentata non solo come la

circostanza esteriore che caratterizza il caso trattato dalla

statistica, ma anche come la ragione fondamentale della validità

delle conclusioni. Ma, se ragionamenti e conclusioni sono basati

sulla teoria delle probabilità (e non su tentativi di traduzione

---

[6]
    Logicamente, due eventi sono uguali solo se si tratta del me-
desimo evento (ossia, volendo parlare di "prove", di quel dato
risultato in quella data prova). Altrettanto priva di senso è,
a rigore, la nozione di "prove di uno stesso fenomeno" (lo sono
due colpi qualunque a testa e croce? o solo se si usa una stessa moneta? o moneta di un dato conio? o se il lancio è effettuato da una stessa persona?). Tuttavia la locuzione può essere accettata e usata pur di avvertire che non ha alcun significato ma
che la si usa per indicare collettivamente degli eventi di cui
faccia comodo sottolineare una qualche analogia.

B.de Finetti

in regolette macchinali rese autonome da ogni criterio di sen -
ta applicabilità), la natura dei fatti osservati è irrilevante,
importando solo le relazioni tra le probabilità. L'analogia può
favorire il giudizio di ugual probabilità, che porta a semplificazioni; viceversa però l'indipendenza va accolta con molto maggiori precauzioni che nel caso di fatti disparati. Ma queste sono cose da vedersi caso per caso [19].

Una circostanza utile, che spesso si presenta nel caso statistico, risiede nella possibilità di moltiplicare a volontà "prove" su quel dato tipo di eventi "analoghi" (mediante ripetute osservazioni, o a volte mediante esperimenti espressamente predispo-
nibili).

Comunque, secondo il punto di vista che seguiremo, il caso
della statistica non è che un caso particolare del ragionamento
induttivo impostato secondo la teoria delle probabilità: caso caratterizzato da particolarità interessanti dal punto di vista pratico e applicativo, ma che non comportano alcunchè di nuovo e diverso dal punto di vista concettuale. Non si nega, tutt'altro,
l'esistenza di sviluppi interessanti anche teoricamente, ma riguardano l'aspetto tecnico-matematico della teoria, non i fondamenti concettuali.

Questa presa di posizione, che potrebbe apparire rispondente
a mere questioni di punti di vista filosofici, risulterà invece
essenziale al fine di chiarire le divergenze reali sui metodi e
criteri da seguire nella trattazione di problemi concreti [7]

____
(7)
    Ci sono molte disparità nell'uso della parola statistica (tal-
volta estesa a includere il calcolo delle probabilità, o ristretta alla parte descrittiva o poco più che descrittiva dei dati col-
lettivi). La distinzione qui proposta mi sembra la più rispondente a un'interpretazione moderna basata sul concetto tradizionale,

./.

B.de Finetti

Fra i molti aspetti che affioreranno in tali discussioni, il motivo principale (e forse l'unico cui tutti gli altri si possono ricondurre) è proprio quello riportato in corsivo nella citazione di Wegener : *la necessità di tener conto di tutto ciò che si sa, non importa con quale metodo e da quale fonte*. Tale affermazione non si può certo dire nuova nell'ambito della Statistica: basti rammentare che R.A.Fisher ha affermato giustamente con molta enfasi che, *mentre nella logica deduttiva utilizzando una parte delle premesse si potrà avere un minore insieme di conclusioni ma pur sempre ESATTE, nella logica induttiva utilizzando solo una parte dell'informazione si può giungere invece a conclusioni FALSIFICATE* [8] (come avviene se si sopprimono le testimonianze a favore, o quelle contrarie).

Tuttavia, i metodi statistici, per amore di scheletricità e meccanicità, o di apparente eliminazione di aspetti concettuali e soggettivi, ricorrono spesso sistematicamente a una perdita d'informazione per usarne una parte meglio addomesticata per particolari elaborazioni.

L'argomento sarà approfondito non soltanto nel seguito del presente corso, ma anche in quello parallelo del Prof.Savage [71]

nonchè la più utile per sottolineare una particolarità significativa. Si tratta comunque di una mera questione di terminologia. La definizione della statistica proposta da Savage nel corso parallelo ([71],§2) è diversa, senza che ciò significhi alcun disaccordo sostanziale.

(8)
Citiamo da [23], pag.55 : "Although in the deduction of statements of certainty it is legitimate to draw inferences from some of the axioms available while ignoring others, or, in other words to base a valid argument on a chosen subset only of the available axioms, no such liberty can be taken with statements of uncertainty, where it is essential to take the whole of the data into account, though some part of it may be shown on examination to be irrelevant, and not to affect the result."

B.de Finetti

dove numerose esemplificazioni renderanno particolarmente evi‍‍‍‍te l'importanza e il significato (fondamentalmente unico ma ricco di svariate apparenze) di siffatte manchevolezze e della loro eliminazione, in vari tipi di problemi e per le più diverse applicazioni.

B.de Finetti

SGUARDO STORICO E COMPARATIVO

§2. DAGLI INIZI ALLA CRISI DELL'IMPOSTAZIONE CLASSICA

La teoria delle probabilità, sorta come è noto nel '600 dallo studio di problemi sui giochi (dadi, carte, sorteggi, e simili), era subito pervenuta a stabilire in quel campo, come criterio di decisione, quello consistente nel cercar di massimizzare la speranza matematica del guadagno.

Per giungere a quello che si può considerare attualmente come il criterio di decisione più accreditato, mancavano soltanto due aggiunte, entrambe sopravvenute ben tosto, nel '700 [1]:

- un allargamento dell'obbiettivo delle decisioni, raggiunto da Daniele Bernoulli [2] con l'introduzione, sotto il nome di *speranza morale*, di quella che ora diremmo l'*utilità*;

- un allargamento del campo delle probabilità, mettendole in relazione coll'osservazione statistica e quindi stabilendo il nesso che lega ad esse il ragionamento induttivo, e ciò fu realizzato da Bayes [1].

Se non che, quel traguardo che in tal modo si potrebbe considerare raggiunto d'impeto fin dagli inizi, si è dovuto invece faticosamente riconquistare due secoli dopo (ed anzi è tuttora controverso). Perchè? Racconteremo la storia che, secondo la nostra interpretazione, consiste delle seguenti tre fasi.

Prima fase: rapida affermazione della teoria bayesiana (e di quella bernoulliana), con qualche leggerezza nell'interpretazio-

---

(1)
    Come ha recentemente fatto rilevare Guilbaud [39], anche il concetto del valore Minimax della "teoria dei giochi" (nel senso di Borel [4] e von Neumann-Morgenstern [57])era già stato scoperto fin dal 1712 [56] (sia pure con riferimento ad un semplice esempio)!

B.de Finetti

ne e applicazione, e conseguente discredito e abbandono indisc^-
minato di tutta la conoezione.

Seconda fase: ricerca di altre vie per affrontare e impostare i problemi dell'induzione statistica facendo a meno degli elementi e concetti su cui si era allargato il discredito.

Terza fase: graduale affioramento delle insufficienze di tali tentativi; revisione del giudizio sulle teorie bayesiana e bernoulliana con separazione degli elementi validi da quelli equivoci; ritorno alla posizione di partenza opportunamente rettifi-
cata (posizione spesso designata come neo-bayesiana neo-bernoulliana).

In un rapido sguardo storico cercheremo di illustrare questo
sviluppo, non certo sotto tutti gli aspetti e con molti dettagli,
ma solo con riferimento alle circostanze preminenti agli effetti
delle questioni d'impostazione concettuale che c'interessano. Ci
soffermeremo sulla prima fase in questo paragrafo, sulla seconda
e la terza nei due successivi.

Dei due elementi costitutivi della moderna teoria della decisione, quello riguardante la speranza morale di D.Bernoulli ha u-
na parte piuttosto secondaria nelle vicissitudini di cui ci dobbiamo occupare. Egli ebbe il torto di precorrere di un secolo i
concetti marginalisti dell'economia [36] e di due la loro rein-
terpretazione probabilistica [68], [57], [53], [69], [70] poichè fu
poco compreso e avvenne che alla generalità della sua impostazione si preferisse la particolare esemplificazione in cui suggerì
di misurare l'utilità di un patrimonio mediante il logaritmo del
valore.

Importanza decisiva ebbero invece le discussioni sull'impostazione data da Thomas Bayes al problema da lui formulato come

B.de Finetti

segue: "cosa si può dire della probabilità di un evento *di cui non si sa nulla* quando si conosce il risultato di n eventi ad esso analoghi (favorevole per m, sfavorevole per n-m)?". Non soffermiamoci sul fatto che tale formulazione è poco soddisfacente (su tali questioni dovremo discutere abbondantemente in seguito); vediamo per ora di distinguere tre elementi costitutivi dell'impostazione, che andranno esaminati separatamente.

Bayes suppone :

(1) che la "probabilità incognita" p abbia probabilità dx di esser compresa in un qualunque intervallo (x, x+dx) in (0,1),

(2) che gli eventi considerati siano indipendenti, per ogni ipotesi p=x sul valore di p ,

(3) che quindi, dopo le osservazioni indicate, la probabilità che p cada tra x e x+dx diviene

$$(2) \qquad\qquad Kx^{m}(1-x)^{n-m}dx \qquad (2) \, .$$

L'ultimo punto è fuori discussione: esso non è che il *teorema di Bayes* già menzionato nel §1 (formula (1)), ossia, come osservato, il teorema delle probabilità composte in una forma un pò più elaborata. C'è qualcosa di controverso, come avremo ampia occasione di vedere, ma riguarda solo la vastità del campo di applicazione che si restringe se si vuole limitare a un significato restrittivo la nozione di probabilità.

Il punto *(2)* è un'ipotesi occorrente per descrivere il caso che si considera, e non avremo che a chiarirne il vero significa-

---

(2)

    Indicheremo sempre con K la costante occorrente, in una qualunque formula, per normalizzarla (nel senso che di norma apparirà ovvio e sarà sottinteso: qui, deve valere 1 l'integrale da 0 a 1, cosicché $K=(n+1)\binom{n}{m}$). Si badi che il valore di K non solo è in genere diverso da una formula all'altra ma potrebbe cambiar valore entro uno stesso calcolo.

B.de Finetti

to in seguito (§7):

Il punto (1) invece è quello che costituì il punto nero in tutte le discussioni. Esso viene spesso designato come "postulato di Bayes": il postulato secondo cui, quando "non si sa nulla", si deve adottare la distribuzione uniforme per p su (0,1). Esso non ha nessuna relazione necessaria con l'impostazione del problema precedente secondo il teorema di Bayes: si potrebbe benissimo assumere una distribuzione iniziale per p di forma qualunque, p.es. con probabilità $\phi(x)dx$ che p cada tra x e x+dx. Esso poi non ha neppure in realtà alcun significato, dato che è tutt'altro che chiaro cosa si debba intendere, in un caso concreto, per "non saper nulla". Se vuol dire che attribuisco a p distribuzione uniforme, il "postulato" non è che una tautologia; se intendo "nulla" alla lettera il postulato è assurdo (se non so nulla degli eventi E_i non so nulla neppure dei prodotti E_iE_j e quindi anche p^2 dovrebbe avere distribuzione uniforme); a parte che "non saper nulla" a rigore dovrebbe significare allora che non so neppure di che evento si sta parlando.

Tutto sommato non si tratta quindi neppure di qualcosa che ha un significato matematicamente parlando, e possa quindi ragionevolmente entrare nell'impostazione per determinarla o per inficiarla: è una frase vuota dall'apparenza metafisica, che può avere solo il senso deteriore di invitare a far uso in ogni applicazione, senza precauzioni e senza criterio, della distribuzione uniforme.

E' questo che è stato fatto largamente, e che ha condotto a mettere in dubbio e a condannare in blocco l'intera impostazione.

La colpa non si può far risalire a Bayes, che su questo pun-

B.de Finetti

to aveva i suoi bravi dubbi, tanto che la sua memoria non fu presentata che postuma (due anni dopo la sua morte avvenuta nel 1761) dal suo amico Richard Prize. Questi non condivideva, anzi mostra di trovare strane, le esitazioni di Bayes, ed analogo atteggiamento sembre essere quello di Laplace [45] [3].

Laplace (e la maggior parte degli autori contemporanei o di poco successivi), pur conoscendo l'impostazione più generale con distribuzione iniziale $\phi(x)dx$ e distribuzione finale

$$(3) \qquad\qquad K\ \phi(x).x^m(1-x)^{n-m}dx,$$

sembra infatti accolgano per acritici motivi aprioristici come privilegiata la distribuzione uniforme (ossia, il cosiddetto postulato di Bayes). Da notare che nulla si potrebbe obiettare se, in luogo di partire da pregiudizi aprioristici, essi dicessero che, sotto condizioni molto poco restrittive per la ϕ, e per n abbastanza grande, è praticamente lecito sostituire approssimativamente il caso effettivo con quello $\phi\underset{=}{=}1$.

Soffermiamoci anzitutto un momento a indicare come il passaggio dalla distribuzione iniziale a quella finale non sia che un'applicazione del concetto premesso nel n.1: ogni risultato favorevole fa moltiplicare per x la probabilità dell'ipotesi p=x (e ogni risultato sfavorevole per 1-x), e l'indipendenza delle varie prove subordinatamente ad ogni ipotesi (punto *(2)* dell'impostazione di Bayes) fa sì che si abbia semplicemente a moltiplicare fra loro tutti questi fattori.

Conviene inoltre soffermarci ancora a richiamare i semplici risultati (stabiliti da Bayes) per il caso speciale della distribuzione uniforme da lui considerato.

____

(3)
    Notizie storiche più diffuse e con ampie citazioni si trovano in R.A.Fisher [23], Cap.II.

B.de Finetti

Inizialmente (cioè: per $\phi(x)\equiv 1$), la probabilità di una qua -
lunque frequenza su N colpi è la stessa, cioè 1/(N+1) (le frequenze possibili essendo M/N con M=0,1,2,...,N); in particolare è
1/(N+1) la probabilità che i risultati di N prove siano tutti favorevoli (oppure: che siano tutti sfavorevoli); più in particolare ancora, la probabilità in una prova è 1/2.

Dopo osservate n prove, di cui m con risultato favorevole ed
n-m sfavorevole, ossia quando la distribuzione è divenuta $Kx^m(1-x)^{n-m}$
la probabilità in una prova successiva è (m+1)/(n+2): è cioè la
frequenza osservata corretta nel senso di pensare aggiunte due
prove in più con risultati uno favorevole e uno sfavorevole. Questo risultato è conosciuto sotto la denominazione di "regola della successione"; in particolare, se m=0, risulta 1/(n+2) la probabilità di un evento dopo n prove tutte sfavorevoli (o viceversa: del non verificarsi dopo n tutte riuscite). Quanto alle probabilità delle varie frequenze M/N su N prove, esse non sono più
naturalmente uguali, ma proporzionali a

$$(4) \qquad \binom{m+M}{m} \cdot \binom{n-m + N-M}{n-m}$$

Le formule relative a questo caso vennero applicate meccani-
camente ad ogni tipo di esemplificazioni, tra cui celebre quello
della probabilità che il sole sorga domani dato il numero di giorni da cui ci è tramandato che il sole è sempre sorto.

Questo uso acritico e generale del caso particolare corrisponde al "postulato di Bayes", e la debolezza logica di tale
"postulato" in sé, condussero col tempo, nonostante il grande pre-
stigio di Laplace, al sorgere di voci discordi. La giustificazione del ragionamento induttivo secondo la traccia di Bayes e Laplace era ed appariva difettosa, ma, anzichè pensare che per elimi-

B.de Finetti

nare il difetto occorreva basarsi su qualcosa di perfezionato, i
critici sembra trovassero sufficiente sopprimere senz'altro il ragionamento difettoso per far diventare accettabile almeno empiri-
camente senza giustificazione alcuna il metodo che la giustificazione imperfetta non bastava a giustificare. Come chi dicesse che,
essendo pericoloso costruire sulla sabbia, basta levar via la
sabbia e costruire sul vuoto per eliminare ogni pericolo.

Sono sorte in tal modo le tendenze che ritengono lecito ricondurre in qualche modo *per definizione* la probabilità alla frequenza, eludendo così la necessità di spiegare il fatto che eri-
gono a verità, e cioè di chiedersi perchè mai si sia indotti a
valutare delle probabilità in base alle frequenze ossia a prevedere che probabilmente certe frequenze non varieranno molto.

Ma, più che in tale campo della definizione "statistica"
della probabilità, l'eliminazione dell'impostazione bayesiana
comporta rivolgimenti vasti e complessi nella formulazione dei
concetti base e dei metodi di lavoro della statistica matematica. Di ciò ci occuperemo espressamente illustrando in che modo i
concetti bayesiani furono sostituiti con criteri di tipo "oggettivistico".

B.de Finetti

§3. IL SOPRAVVENTO DELLE CONCEZIONI OGGETTIVISTICHE

Spieghiamo anzitutto perchè designiamo come "oggettivistiche" le concezioni di tipo non-bayesiano: perchè, come vedremo, per ricostruire l'impostazione bayesiana occorrerà interpretarla in senso soggettivo.

Ed ecco in cosa consiste la caratteristica essenziale delle concezioni oggettivistiche: nell'introdurre qualcosa che non è nè logica del certo nè logica del probabile.

Mentre nell'impostazione bayesiana "all expressions of uncertain knowledge must have the same logical form, namely that of a statement of probability", come ben dice Fisher ([23], p.44), egli propende invece per l'uso di metodi che "do not generally lead to any probability statements about the real world, but to a rational and well-defined measure of reluctance to the acceptance of the hypothesis they test" (ibid.). E se, nonostante l'esplicito diniego, tale "reluctance" può forse somigliare a una probabilità soggettiva, più radicale ancora è Neyman ([61],p.235) nel sottolineare che i metodi statistici conducono a "stating that..." ma che occorre quardarsi dall'attribuire a tale parola un qualunque significato logico ("conclude" that...) o probabilistico ("believe" that...).

Si abbandona in tal modo ogni idea di una interpretazione sistematica e significativa del problema dell'inferenza statistica, per ridursi ad escogitare caso per caso dei "test" per "confermare" delle ipotesi, o dei metodi per "stimare" dei parametri, configurando così come una questione autonoma e in larga misura arbitraria il problema di trarre dall'esperienza un qualchecosa che si suggerisce di utilizzare come se fosse una conclusione o

B. de Finetti

una convinzione mentre si afferma che non è né questo né quello.

Sarebbe tuttavia sterile e ingiustificato arrestarsi a tali obiezioni di principio. Malgrado tale difetto d'origine, gran parte degli sviluppi ispirati a tale punto di vista sono non soltanto rimarchevoli sotto l'aspetto matematico, ma anche ricuperabili (con opportuni ritocchi o completamenti) nella teoria soggettiva [1]; per noi qui inoltre sarà soprattutto interessante analizzare come ogni elemento costitutivo dell'impostazione bayesiana, a volerlo sopprimere, genera insufficienze avvertite prima o poi anche da fautori della concezione oggettivistica, tanto che il ritorno alla concezione bayesiana appare più come il risultato spontaneo di siffatte correzioni che come frutto delle obiezioni dei pochi tenaci assertori di essa nei tempi in cui era giudicata definitivamente fuori moda.

Vedremo infatti che le teorie oggettivistiche, più che introdurre concetti nuovi e contrastanti, si limitano a tralasciare qualche elemento ricorrendo a ripieghi per tamponare le conseguenti deficienze. Fondamentalmente, si cerca quasi sempre di seguire la falsariga della (1) pur ammettendo di attribuire un senso solo a qualcuna delle probabilità che vi figurano e che occorrono per applicarla regolarmente.

La mutilazione più spinta è quella dei criteri semplicistici in cui ci si basa su di una sola probabilità, la P(E/H), per "rigettare" l'ipotesi H se tale probabilità, relativa a un fatto E osservato, è "piccola". E perchè mai? Ecco come si esprime Fisher ([23],p.39):"The force with which such a conclusion is sup-

____

(1)
Vedi il parallelo corso di Savage, e l'ampliamento in preparazione di esso [71].

B. de Finetti

ported is logically that of the simple disjunction: *Either* an exceptionally rare chance has occurred, *or* the (hypothesis H) is not true".

Come osservazione preliminare, va notata l'assoluta indeterminatezza del criterio, dato che tale probabilità può sempre esser resa piccola quanto si vuole pur di descrivere abbastanza dettagliatamente "ciò che è successo" (E). Se ad es., come in molti casi, E consiste nell'aver osservato il valore esatto x di una grandezza aleatoria X, p.es. uno scarto, la probabilità di quel valore preciso è ordinariamente zero. Per togliere la manifesta insensatezza di un criterio che farebbe allora respingere l'ipotesi qualunque valore x si trovi, lo si sostituisce considerando come E non l'aver osservato x, ma l'aver osservato un valore "uguale o maggiore" di x (oppure "uguale o minore", o "uguale o maggiore in valore assoluto", o "id., e di ugual segno") Ma tutte queste varianti sono arbitrarie, per lo meno nell'ambito di una impostazione così crudamente mutilata.

Va detto però, ad onor del vero, che nessuno statistico è in genere così sprovveduto da mantenersi a questo livello, a cominciare da Fisher cui pure è sfuggita la frase citata. Tuttavia è anche vero l'opposto, e cioè che tale concetto grossolanamente inconsistente permea talmente il sottofondo superstizioso della mentalità statistica degli oggettivisti (attraverso varie formule quali "legge empirica del caso", "lemma di Cournot", etc.), che difficilmente i criteri anche più elaborati ne risultano immuni. Viceversa poi vi sono dei casi in cui si vede, dopo una critica più o meno conforme a quella qui svolta, concludere con un ulteriore passo indietro anziché con un passo in avanti: anziché cercar di colmare le lacune logiche dell'impostazione si cer-

B.de Finetti

ca cioè di sostenere che la logica o la mancanza di logica non hanno importanza perchè quello "stating" che non è nè confermare nè convincere significherebbe soltanto "conformità tra dati sperimentali e schema teorico, misurata con metodo convenzionale e perciò arbitrario".

Comunque, dopo la rilevata arbitrarietà di E, la principale deficienza della formulazione menzionata consiste nel non far riferimento ad altre diverse ipotesi. Ed effettivamente anche nelle teorie oggettivistiche si arricchisce in genere il quadro dell'impostazione introducendo diverse ipotesi incompatibili e possibili, $H_1, H_2, \ldots, H_s$, o in altri casi (parametro continuo) H_θ (p.es. $0 \le \theta \le 1$); in molti casi c'è una delle ipotesi che per un qualunque motivo si considera in posizione privilegiata, e allora la si suole chiamare "ipotesi nulla" (Null Hypothesis) H_o, e le altre (una o più) si dicono "ipotesi alternative".

Ciò ristabilisce già, in parte, la logica dell'impostazione, perchè il solo fatto che si sia verificato un E poco probabile sotto l'ipotesi H non può evidentemente farci respingere H se non c'è per lo meno qualche altra ipotesi "che spiega meglio E". Ed anche la menzionata arbitrarietà nel precisare la E scema d'importanza, trattandosi comunque di confronto tra i diversi H_j, non di grandezza assoluta $^{(2)}$.

---

(2)
    Per chiarire il concetto valga un'esemplificazione banale. Al bersaglio è stato colpito il punto P, a distanza r (molto piccola) dal centro O; sarà stato il tiratore A? Tale ipotesi H_A sarà da respingere, secondo il primo criterio, se $P(E/H_A)$ è piccola. Ma cosa sarà E? Colpire il punto P esattamente? o un cerchietto di raggio ϵ (più piccolo di r) e centro in P? o la corona circolare di raggi $r \pm \epsilon$ e centro in O? o il cerchio di raggio r e centro in O? o che altro? Potrò scegliere ad arbitrio e la risposta dipenderà da tale scelta, e non dall'esistenza di ipotesi alternative. Supponiamo fossero presenti anche B, C e D; se essi sono meno abili di A, e $P(E/H_A)$ è piccolissimo ma $P(E/H_B)$ etc. sono ancor

./.

B.de Finetti

Si deve riconoscere, a parziale giustificazione della prima impostazione, che di solito le ipotesi alternative sono infinite o mal specificabili o non ancora immaginate, cosicchè la nuova impostazione è certo più disagevole e in genere imbarazzante per coloro che vorrebbero incontrare soltanto casi ben definiti di tipo scolastico. Ma, qui come ovunque, bisogna accettare i problemi come sono; si potranno schematizzare poi in modo approssimativo, ma vano sarebbe cercar di dar valore a una semplificazione ottenuta falsandoli o mutilandoli. Le ipotesi alternative, specificabili oppure appena vagamente configurabili come una nebulosa, costituiscono una parte essenziale dell'impostazione senza della quale tutto si affloscia $^{(3)}$

Prima di passare ad esaminare per sommi capi alcune nozioni relative all'impostazione oggettivistica (nelle due varianti,

---

minori, la conclusione sarà che l'ipotesi H_A anzichè da respingere risulta da accettare. E quanto all'arbitrarietà di E, la scelta di un insieme più o meno largo gioca in modo analogo su tutte e quattro le $P(E/H_i)$ $(i = A, B, C, D)$; non che vi debba essere proporzionalità cosicchè la scelta sia indifferente, e converrà prendere E piccolo per non sprecare informazione, ma si tratta comunque di un confronto significativo eseguito su basi più o meno accurate, e non di giudizi sulla piccolezza o meno di un unico numero definibile arbitrariamente.

(3)
 Si potrebbe anche dire che tutte le insufficienze della statistica oggettivistica derivano dal pregiudizio di voler utilizzare solo ciò che sembra perfettamente fondato. Sarebbe come dire che, se m'interessa il volume di un prisma di cui ho misurato due spigoli mentre il terzo lo posso stimare ad occhio, piuttosto che basarmi su tale stima dovrei ricorrere ad ipotesi gratuite. Il punto di vista qui sostenuto consiste non solo nel contrario ma nel negare addirittura la distinzione di principio. Non esiste separazione: le misure sono stime più approssimate e le stime sono misure meno approssimate; non c'è di meglio da fare che utilizzare i dati disponibili, e tener conto poi della loro precisione.

B. de Finetti

della scuola di Fisher e di quella di Neyman-Pearson $^{(4)}$), è opportuno trarre dal poco finora detto qualche osservazione preliminare atta a "fare il punto" ed a meglio inquadrare il senso delle considerazioni seguenti.

Considerando i problemi della conferma delle ipotesi (Testing Hypotheses) e della estimazione in modo più largo, s'incontrano certamente degli aspetti nuovi, che possono sempre interessare di per sè, ed anche in nesso a quella che potremmo pretendere a priori di riconoscere come unica soluzione fondata, perchè anche proprietà di questa potranno apparire sotto nuova luce.

Assumere un certo valore θ come estimazione di θ (Point-Estimation), o un certo intervallo $(\underline{\theta}, \overline{\theta})$ come intervallo per cui si "conferma" l'appartenenza di θ (Interval-Estimation), è cosa che, formulata al di fuori di una interpretazione effettiva, permette di sbizzarrirsi nella costruzione di criteri e di ricerche su "vantaggi e svantaggi" di ciascun criterio.

Riferiamoci, per fissare le idee, al caso in cui si abbia da stimare un paramètro θ in base all'osservazione dei valori $x_1 \ldots x_n$ di n numeri aleatori $X_1 \ldots X_n$, a distribuzione $f(x,\theta)$ dipendente da θ, e indipendenti subordinatamente a ogni valore di θ $^{(5)}$. Un *estimatore*, cioè una formula che dia $\hat{\theta} = g(x_1, \ldots, x_n)$,

______

(4)

    I punti di dissenso fra le due scuole (profondi in sè, ma non tali da alterare l'impressione unitaria che dà nel suo insieme la concezione oggettivistica vedendola dal di fuori) sono sottolineati vivacemente in parecchie pubblicazioni di Fisher (v.p.es. [22]) e di Neyman (v.p.es. [62][63]). Il punto di vista standard tra gli oggettivisti è quello di Neyman, che ne interpreta più conseguentemente le premesse.

(5)

    Quasi senza mutare nulla potremmo pensare che le x e θ anzichè numeri siano vettori (m-ple di numeri) etc.; l'esistenza di una densità $f(x,\theta)$ è invece una restrizione necessaria (almeno per evitare questioni delicate; cfr. §§6 e 9).

B.de Finetti

può, considerata come tale, o spesso come formula che dà un n·-
mero aleatorio $T = g(X_1,...,X_n)$ funzione degli n numeri aleatori $X_1...X_n$, godere di varie interessanti proprietà che è merito
delle teorie oggettivistiche aver messo adeguatamente in luce·ı
Proprietà semplici sono ad es. la *non-distorsione* (Unbiasedness),
consistente nell'esser nulla, subordinatamente ad ogni valore di
θ, la speranza matematica di $T-\theta$, e la *consistenza* (Consistency),
che significa tendenza a zero (al crescere di n) della probabilità che $T-\theta$ superi un $\epsilon > 0$ comunque fissato.

Per ragioni ovvie, un estimatore si dice poi essere tanto
più *efficiente* (efficient) quanto minore ne è la varianza; può
esistere un estimatore *a massima efficienza* o semplicemente *"efficiente"* (in senso assoluto) (most-efficient, o efficient), e
allora si prende la sua efficienza come 100% e si misura l'efficienza di ogni altro estimatore mediante il rapporto inverso delle varianze. Infine - e questa è la nozione più significativa -
un estimatore si dice *sufficiente* (sufficient) o *esaustivo* quando "riassume tutta l'informazione data dagli $x_1...x_n$ ai fini del-
l'estimazione di θ". Ma, per non interromperci, rinviamo a più
tardi l'interpretazione significativa indicando per ora come possibile definizione la proprietà formale seguente: il prodotto
delle $f(x_i,\theta)$ (i = 1,2,...,n) si scinde nel prodotto di una funzione soltanto di θ e $\hat{\theta}$ e di un'altra delle sole x_i (non contenente cioè θ)[6].

Attraverso considerazioni basate su questi e simili concetti, molta dell'arbitrarietà introdotta mediante la formulazione

____

[6]
    Per notizie descrittive ed esempi su tali argomenti, si ve-
da ad es.Kendall [38], Cap.17 e segg., e [9].

B.de Finetti

in modo autonomo del problema dell'inferenza statistica si eli-
mina, riconducendosi per vie diverse nell'ambito di impostazioni
aventi dei punti di contatto con quella bayesiana, cosicchè analisi comparative divengono espressive.

Se un nuovo metodo non vuole introdurre elementi di decisione nuovi rispetto all'impostazione bayesiana, ma soltanto trascu-
rare quelli che gli sono estranei, dovrà nelle condizioni indicate eliminare le probabilità iniziali (le $P(H_j)$) e basarsi sulle
probabilità subordinate, dette, in tale contesto, anche Likelihoods, verosimiglianze (le $P(E/H_j)$, ossia le $P(E_i/H_j)$ quando
$E = E_1,\ldots,E_n)$ e null'altro.$^{(7)}$ Ed effettivamente tale circostanza
si conserva, anzitutto in quanto i ragionamenti che si fanno concernono in genere tali probabilità, e poi per delle proprietà
particolari.

Se i ragionamenti si basano solo su dette probabilità, non
possono basarsi che sulla Likelihood che le riassume:

$$(5) \qquad L(x_1,x_2,\ldots,x_n\,|\,\theta) = f(x_1,\theta).f(x_2,\theta). \ldots .f(x_n,\theta) \ ,$$

ed anzi, non avendo alcun effetto della (5) fattori costanti ri-
spetto a θ, soltanto sui rapporti $L(x_i|\theta)/L(x_i|\theta_o)$. Questo *"rap-
porto di verosimiglianza"* (Likelihood Ratio) è quindi *l'elemen-
to che riassume quanto può aver peso nel problema: è cioè esaustivo*. Da questa osservazione, la proprietà indicata degli esti-

---

(7)
    Per l'esattezza, c'è una differenza di forma fra l'uso dei
due termini "probabilità subordinata" e "verosimiglianza": entrambi indicano $P(E/H)$, ma il primo pensandola come funzione di
E (probabilità di E subordinatamente ad H) e il secondo come funzione di H (verosimiglianza di H dato il verificarsi di E). Per
rendere meglio il significato, al termine "verosimiglianza" andrebbe sostituita qualche variante come "verosimilizzazione"
(di H per E); non propongo di cambiare l'uso in modo così anti-
estetico, ma credo valga la pena di rilevare l'improprietà delle terminologia per evitare la possibilità che ciò induca in e-
quivoci.

B.de Finetti

matori esaustivi risulta già concettualmente prevedibile, e facilmente dimostrabile.

Inoltre, la teoria di Fisher raccomanda in generale come il
migliore criterio di estimazione quello consistente nel prendere

(6) $\hat{\theta}$ = valore di θ che rende massima la $L(x_i|\theta)$

(naturalmente, per x_i = valori osservati). Orbene: un argomento
in favore di tale tesi si è che normalmente [8] tale estimatore
è consistente ed efficiente.

E nell'impostazione di Neyman-Pearson si presenta di nuovo
spontaneamente la Likelihood Ratio come quella che fornisce il
"miglior" criterio per decidere se accettare o rigettare un'ipotesi (vedremo fra poco il senso preciso di tale affermazione).

Vediamo così, ed è questa la conclusione preliminare cui ci
sembrava opportuno pervenire subito, in qual senso e fino a che
punto sussiste un certo quadro comune in cui le diverse impostazioni risultano paragonabili. E possiamo pertanto entrare ora
nell'analisi di alcune particolarità delle singole impostazioni
oggettivistiche.

Della posizione di Fisher ritengo istruttivo commentare tre
punti caratteristici: il significato del metodo di Maximum Likelihood; l'uso della Likelihood come informazione; l'argomento
"fiduciale".

Cosa significherebbe scegliere $\hat{\theta}$ secondo il Maximum Likelihood, interpretando la cosa bayesianamente? Significherebbe considerare la distribuzione finale di θ (cioè: dopo osservati gli
x_i), e scegliere il punto in cui la densità è maggiormente cre-

---

[8]
    Per eccezioni e condizioni cfr. Neyman [61], pp.186-194, e
i lavori ivi citati (di Hotelling, Doob, Wald, Neyman-Scott).

B.de Finetti

sciuta rispetto alla distribuzione iniziale (in particolare, l.
"moda", ove è massima, se la distribuzione iniziale ha densità
costante). Si noti che il criterio è invariante rispetto a qualunque trasformazione (se al parametro θ sostituiamo una sua fun-
zione $\dot{t}=t(\theta)$, abbiamo $\hat{t}=t(\hat{\theta})$).Se tale massimo (assoluto) è unico,
e la funzione è continua in un suo intorno, al crescere di n la
probabilità finale andrà a concentrarsi tutta intorno a quel punto (purchè la probabilità iniziale non vi fosse nulla in un intorno). Perciò quel che può esserci di valido nel criterio si e-
sprime anche meglio bayesianamente (dicendo che la cosa sussiste
per quasi ogni distribuzione iniziale) che non precludendosi di
parlare sia pur di una ipotetica distribuzione iniziale (con che
tutto il discorso rimane inconclusivo).

Come può utilizzarsi il concetto che la Likelihood Function
riassume tutta l'informazione? Il Fisher ([23], p.148 e segg.)
fa un'osservazione molto appropriata, rilevando che la L risul-
tante da un insieme di esperienze, anche disparate, relative a
un medesimo parametro θ, si ottiene sempre facendone il prodotto,
ossia, riferendosi ai logaritmi, sommandoli: $\log L = \Sigma \log L_h$.
Ciò è notevole da parte di Fisher perchè in genere gli oggettivisti si fanno scrupoli a mescolare esperienze raccoglitioce,
pensando che i dati debbano provenire da un'unica esperienza prestabilita in modo appropriato [9]. Inoltre ciò è in pieno accordo con l'impostazione bayesiana pur di aggiungere l'addendo man-
cante: il logaritmo delle probabilità iniziali (o densità, a seconda che si è nel caso discreto o continuo); il suggerimento
di dare i risultati di un esperimento sopráttutto pubblicando i

---

[9]
    L'argomento è ampiamente trattato nel corso di Savage, §5.

B.de Finetti

logL, oltre che per la combinabilità con altre esperienze, sa᛫ ᛫-
be quindi opportuno, dal punto di vista bayesiano, anche per consentire a ciascuno di trarre le proprie conclusioni aggiungendo
i logaritmi della propria valutazione iniziale.

Ed è possibile, da una impostazione oggettivista come Fisher vuol considerare la sua, trarre conclusioni sotto la forma
tipica dell'impostazione bayesiana, e cioè sotto la forma di una
distribuzione (finale) di probabilità per θ? Questo è l'argomento più curioso nella vasta produzione di Fisher: quello delle
"probabilità fiduciali" (che egli esitò a lungo se fossero o no
probabilità vere e proprie, prima di decidersi per il sì: [23],
p.51, nota).

Fisher si è imbattuto in numerosi casi nei quali certi estimatori sufficienti danno luogo a una T la cui distribuzione di
probabilità, subordinata a un qualunque ipotetico valore di θ,
ha qualcosa di indipendente da θ: p.es. è indipendente da θ la
distribuzione di $T-\theta$ (o quella di T/θ). In tale situazione è abbastanza naturale cadere in un ragionamento equivoco di questo
genere: dato θ, per avere T si aggiunge un certo $h=T-\theta$ la cui
distribuzione di probabilità non dipende da θ (e ciò è vero per
ipotesi), ossia ha un valore "assoluto" (nozione senza significato), ossia non dipende neppure da T (conclusione non giustificata), per cui posso dire (seguitando nell'errore) che, trovato
T, per risalire a θ basta togliere quell'$h=T-\theta$ con quella distribuzione di cui sopra. Naturalmente, in nessun modo dalla sola
conoscenza della distribuzione di T dato θ può ricavarsi alcunchè riguardo alla distribuzione di θ dato T (benchè Fisher giunga ad affermare ciò in generale, al di fuori del caso semplice
illustrato in cui per la svista abbiamo cercato di dare una cer-

B.de Finetti

ta giustificazione psicologica). Si può ricavare tale distribuzione solo partendo dall'altra e dalla distribuzione iniziale di
θ : assumere come distribuzione finale per θ quella corrispondente"all'argomento fiduciale" di Fisher (o qualunque altra arbitrariamente scelta) significa nè più nè meno che accettare come distribuzione iniziale quella (se esiste) che conduce alla distribuzione finale accettata.

In molti casi una siffatta distribuzione iniziale esiste,
ed ha anche particolarità per cui può meritare attenzione e talvolta adozione, come hanno mostrato Jeffreys [35], Dumas [10],
ed altri, fautori dell'accettazione dell'argomento fiduciale tra-
dotto in tale impostazione bayesiana (bayesiana anche nel lato
negativo: l'accettazione di una distribuzione iniziale privilegiata significa trapiantare qui anche un "postulato di Bayes"
anzichè solo il "teorema di Bayes"). Una effettiva giustificazione si ha nei casi in cui il procedimento vale, asintoticamente,
sotto ipotesi assai poco restrittive sulla distribuzione iniziale; per certi casi ciò era noto fin dai tempi di Gauss, ma per
applicazioni più strettamente pertinenti alla metodologia statistica pare che tale osservazione non sia stata sviluppata prima che da Savage per il presente corso. Va notato infine che non
sempre "l'argomento fiduciale" corrisponde a una particolare distribuzione iniziale, come notato da Kendall ([38], 20.12) e Lindley [49] $^{(10)}$. In tali casi le conclusioni cui porterebbe l'ar-

---

(10)
La caratterizzazione dei casi in cui l'argomento fiduciale è
ammissibile, nel senso di corrispondere all'impostazione bayesiana, si trova in altro articolo di Lindley [51] che ignoravo fino
al momento di consegnare il presente testo per la riproduzione
(sett.1959). La condizione (necessaria e sufficiente) consiste
nel potersi ricondurre al caso menzionato nel testo (distribu-
zione di $T^{*} - \theta^{*}$ indipendente da θ) mediante trasformazioni sulle
sole T e θ : $T^{*} = f(T)$, $\theta^{*} = g(\theta)$. Così come avviene, ad es., evidentemente, nell'altro caso menzionato nel testo ove ha distribu-
zione indipendente T/θ; basterebbe in tal caso prendere $T^{*}=\log T$
e $\theta^{*}=\log\theta$, e la circostanza si presenterebbe per $T^{*}-\theta^{*}=\log(T/\theta)$.

B.de Finetti

.gomento fiduciale sono contradittorie.

Cosa oi resta a concludere, agli effetti del nostro esame? La personalità di Fisher appare ricca di molte cose, fra oui alcune contradittorie. Il suo buon senso nelle applicazioni pratiche da una parte, e dall'altra il suo aristooratico conoetto della rioeroa soientifica, lo portano a disdegnare le ristrettezze di una impostazione genuinamente oggettivistica (sarebbe, per lui, una "wooden attitude", [23],p.91), mentre pur ritiene di dover proclamare l'adesione al punto di vista oggettivista per respingere le fallaoie dell'impostazione Bayes-Laplaoe. A vero dire, anohe tali sue oritiche ([23],pp.31-36) non lo portano forse a posizioni rigide. Comunque, ohi ne va di mezzo è la matematica, che egli maneggia con maestria in singoli problemi, ma trat- ta oon strana disinvoltura nelle disoussioni conoettuali [12]

Dal nostro punto di vista, appare probabile ohe molte delle sue osservazioni e idee risulteranno valide pur di risalire alle intuizioni da oui sono soaturite liberandole dagli argomenti oon oui immaginava di poterle giustificare.

Il programma di sviluppare ooerentemente una teoria dell'induzione statistica su basi rigidamente oggettiviste è invece la oaratteristica speoifica della scuola di Neyman-Pearson. La probabilità ivi non ha mai altro significato, neppure per momentanea distrazione o convenienza, se non quello di "frequenza a lungo andare" (in the long run). Accettare un'ipotesi o un'estima-

____

(12)
      Prestando il fianoo ad ovvie e talora pesanti oritiche come quelle di Neyman ([61], Ch.IV, e [62bis]; nella oritica al punto oruoiale dell"argomento fiduciale" l'obiezione di Neyman è sostanzialmente equivalente a quella qui svolta nonostante le diversità di terminologia derivanti dalla diversità dei punti di vista.

B.de Finetti

zione non può quindi rispondere ad alcuna nozione di probabilità o plausibilità di essa: è un atto gratuito, basato non sul giudizio della bontà di esso ma sulla bontà del metodo da cui deriva. E' il criterio di chi comprasse un vestito della marca A che gli sembra difettoso anzichè uno della marca B che gli sembra perfetto, perchè sa dalle statistiche che la percentuale di vestiti difettosi è minore per la A che per la B, e la constatazione diretta sui due capi fra cui può scegliere non ha valore statistico trattandosi di casi singoli.

Precisamente, si considerano tutti i metodi di decisione possibili consistenti nell'accettare una delle ipotesi, o un valore come estimazione, in funzione del risultato osservato. Per gli estimatori, $\hat{\theta}=g(x_1,x_2,\ldots,x_n)$, è quel che già si era visto; per le decisioni, si pensi analogamente che lo spazio delle n-ple x_i sia diviso in regioni (in modo arbitrario) corrispondenti alle diverse ipotesi; più in particolare, per riferirci al caso più semplice di due sole ipotesi (H_o, ipotesi nulla, e H_1, ipotesi alternativa), o *dicotomia semplice* [13], si tratterà di scegliere un insieme I e stabilire che si accetterà l'ipotesi nulla o la si respingerà a seconda che i risultati x_i corrisponderanno a un punto dell'insieme I o a un punto dell'insieme complementare.

Come si potrà, fra questi metodi di decisione, distinguere quelli più o meno buoni? Quella che si ammette di poter calcolare, nel senso accettato della concezione frequentista, è la probabilità che il metodo conduca a una decisione errata, subordinatamente a ciascuna delle ipotesi. Nel caso più semplice, del-

____

(13)
    Maggiori sviluppi ed esemplificazioni su tale argomento si troveranno nel corso parallelo di Savage, §4.

B.de Finetti

la dicotomia, abbiamo due possibilità di errore: rigettare H_o se

è vera (errore di prima specie) e accettare H_o se è falsa (erro-

re di seconda specie): le probabilità che si possono calcolare

sono: la probabilità di un errore di prima specie supposta vera

H_o, e la probabilità di un errore di seconda specie supposta fal-

sa H_o.

Neyman è sempre preciso ed esplicito nel dichiarare che i

suoi criteri dicono questo e nient'altro che questo(così nell'e-

sempio cui per brevità facciamo allusione, come nelle impostazio-

ni analoghe per più ipotesi o per il caso di un parametro conti-

nuo ove si considerano "intervalli di confidenza"). Particolar-

mente istruttivo ad es. il dialogo fra un "antiquato" Boss e il

"modernizzato" Assistant ([61], p.214): questi spiega chiaramen-

te che il metodo non risponde a ciò che il Boss desiderava, ma a

una formulazione ben diversa, che potrebbe soddisfarlo solo se

cadesse nell'equivoco quasi di un gioco di parole, così che se

tuttavia il Boss, per amore di modernizzazione, accetterà, la

colpa sarà tutta sua perchè il trucco non è più nascosto e con-

fuso ma esplicitamente denunciato. Ossia, in questa impostazione

le enunciazioni sono sempre esatte, ma diverse da quelle che ser-

virebbero [14]

Concettualmente, si raggiunge qui il massimo distacco dalla

concezione bayesiana, di cui qualcosa (sia pure per svista) so-

pravvive in Fisher, e di cui altri elementi rientreranno presto

- come vedremo - dalla finestra dopo esser stati cacciati dalla

---

[14]
    Possiamo illustrare l'equivoco con un'analogia ispirata da
Halphen ([32],p.47). Abbiamo bisogno di un cemento che non venga corroso dall'acqua; il negoziante ci dice di comperare una
certa qualità che, ci assicura, non corrode l'acqua; egli non
tenta di imbrogliarci dicendo che le due cose sono equivalenti,
ma vuol convincerci a non insistere nel chiedere quello che ci
occorre perchè la frase che esprime il nostro vero desiderio non
è sufficientemente modernizzata.

B.de Finetti

porta. C'è tuttavia un progresso verso il ritorno al bayesianismo nel senso che qui si vede più chiaramente cosa succede rifiu-
tandolo. Inoltre, la tesi di Neyman che, per far accettare la sua
impostazione, nega la possibilità di un *ragionamento induttivo*
(Inductive Reasoning) e la necessità di ripiegare su un *comportamento induttivo* (Inductive Behavior)[63], risulterà feconda per
lo sviluppo di teorie più rispondenti a tale formula (teorie delle *decisioni*), da cui il ritorno al bayesianismo risulta agevola-
to e quasi automaticamente imposto.

Una via per tale ritorno si trova già subito, nella stessa
formulazione Neymaniana, non appena ci si ponga la domanda di come stabilire la preferenza tra vari criteri caratterizzati da diverse probabilità di errore di 1^a e di 2ª specie. Di ciò tratta
Savage (§4).

Altri punti deboli della concezione oggettivistica, che una
formulazione perfettamente coerente come quella di Neyman permette di scoprire e analizzare, sono quelli derivanti dall'artifi-
ciosità con cui è necessario formalizzare i procedimenti, dall'impossibilità di utilizzare tutte le informazioni (fuori di siffat-
to schema formalizzato), dalla necessità o apparente convenienza
di sprecare addirittura volontariamente dell'informazione onde
conseguire delle pseudosemplificazioni. Anche per tali punti rinvio alle esemplificazioni di Savage.

Viceversa, un contributo positivo della teoria di Neyman
(nel senso che conferma la validità unica della Likelihood Ratio
anche quando non la si assuma direttamente come elemento-base secondo la impostazione bayesiana), è la dimostrazione che i soli
metodi ammissibili (cioè, non sostituibili con altri, migliori
con riguardo a entrambe le probabilità di errore) sono quelli

B.de Finetti

basati su detto rapporto. Precisamente, l'insieme I che poteva

esser preso ad arbitrio per definire un metodo di decisione nel

caso della dicotomia semplice, non può esser scelto che con un

solo grado di libertà se ci si vuole limitare a criteri ammis-

sibili.

Consideriamo infatti, per ogni punto (di coordinate x_i), le

funzioni di verosimiglianza rispetto alle due ipotesi, e il lo-

ro rapporto:

$$(7) \qquad R(x_1 \ldots x_n) = \frac{f(x_1, x_2, \ldots, x_n \mid H_o)}{f(x_1, x_2, \ldots, x_n \mid H_1)} \qquad ;$$

fissato un qualunque numero r , possiamo definire il criterio di

decisione consistente nell'accettare l'ipotesi H_o se il punto in-

dividuato dalle osservazioni, $x_1 \ldots x_n$, cade nella regione in cui

$R(x_1 \ldots x_n) \geq r$, e nel respingerla se cade nella regione comple-

mentare. Ebbene: questi e soltanto questi, al variare di r , so-

no i metodi ammissibili, o ottimali.

E il dubbio di cui sopra, per rispondere al quale la teoria

oggettivistica nulla dice salvo proporre convenzioni formali, si

traduce ora nella domanda: perchè scegliere un dato r anzichè un

altro? E' questo che ha importanza, oppure le probabilità di er-

rore?(16)

---

(16)
     Lindley (in [49] e [50]) mette bene in chiaro come tale que-
stione risulti imbarazzante per gli statistici che seguono la
concezione oggettivistica (incluse quelle scorie superstiziose
che, ufficialmente negate, occorrono tuttavia per accettarne
l'impostazione nonostante la trasposizione che vi si effettua
fra probabilità dell'ipotesi dopo osservato E e probabilità che
aveva l'osservare E subordinatamente alle varie ipotesi).

B.de Finetti

§4. IL SUPERAMENTO DELLE POSIZIONI OGGETTIVISTICHE

Il più decisivo dei contributi involontari al superamento
delle posizioni oggettivistiche è costituito a mio avviso dal-
l'opera di A.Wald ([77],[78],[79]), anche in virtù del concomi-
tante sviluppo (indipendente, ma ricco di suggestioni e colle-
gamenti) della Teoria dei giochi [1]

Abraham Wald non era troppo interessato alle questioni critiche o filosofiche; non era affatto intenzionato a contrastare
le teorie dominanti trovate in America quando vi giunse in seguito alle questioni razziali. Si dedicò anzi alacremente a por-
tarvi nuovi contributi, sfruttando quanto più a fondo possibile
i criteri dell'impostazione.

Così facendo, gli era già capitato precedentemente che volendo emendare e perfezionare la teoria di von Mises [54],[55]
- teoria in cui la probabilità era definita come frequenza-limite
su una successione "irregolare" (Kollektiv) - anziché a "la ju-
stifier" era pervenuto a "l'écraser" (come osservò Fréchet, nel
senso che la forma esatta mancava dell'apparente naturalezza che
induceva ad apprezzare la forma imprecisa).

Nel campo di cui ora ci occupiamo, l'aspetto involontariamente eversivo dell'opera di Wald (di per sé intesa a sviluppare
strumenti per inquadrare nella teoria oggettivista vasti campi
di problemi teorici e pratici), è costituito proprio dall'aver
reso più effettivo il concetto Neymaniano di vedere i problemi
sotto l'angolo visuale dello "Inductive Behavior". Questa formula, che era per Neyman semplicemente uno slogan inteso a sottolineare e spiegare la differenza della sua impostazione rispetto

---

(1)
    Che apparve in forma organica nella celebre opera di J. von
Neumann e O.Morgenstern [57], dopo che parte delle idee costitu-
tive era stata presentata da Borel [4]; v. anche Ville [74].

B.de Finetti

a quella bayesiana (e rispetto alle confuse incongruenze di F:-
sher), poteva ben divenire, e divenne con Wald, l'espressione di
un fatto sostanziale.

Una teoria che si occupa del Behavior, del comportamento,
dovrà considerare *decisioni, azioni,* in senso concreto, con le
loro effettive conseguenze (economiche, o comunque analogamente
soggette a una scala di preferenze per colui che decide). Decidere di "accettare un'ipotesi", come diceva Neyman, era invece
sempre un fatto intellettuale o verbalistico, meglio configura-
bile di per sé sotto l'etichetta del "Reasoning"; se infatti lo
si fosse interpretato come "decisione di comportarsi *ad ogni effetto* come se un'ipotesi "accettata" fosse certa" si sarebbe giunti ad assurdi del tutto non realistici. Si sarebbe potuti giungere a dire (e Neyman è giunto davvero a dirlo: [61], p.235) che
"intraprendere un viaggio" e "assicurarsi contro i rischi del
viaggio" sono azioni contradittorie perchè la prima presuppone
che si accetti l'ipotesi che non subiremo incidenti e allora la
seconda è un controsenso. Eppure l'esistenza delle assicurazioni
prova che milioni e milioni di assicurati dimostrano coi fatti
di ritenere invece un controsenso una siffatta affermazione. Come vederci chiaro?

Vi si giunge separando il concetto behavioristico di decisione da quello intellettualistico di accettazione di un'ipotesi: intraprendere un viaggio è una decisione, assicurarsi un'altra, e in genere "comportarsi come se un'ipotesi fosse vera" non
esprime nessuna decisione e può significare infinite decisioni
diverse a seconda di cosa s'intende fare o non fare e a seconda
delle conseguenze che si prevedono nei diversi casi.

Consideriamo dunque la nostra impostazione modificata in

B.de Finetti

questo senso: abbiamo sempre delle ipotesi H_j (oppure, con pa-
metro continuo, H_θ), abbiamo sempre delle esperienze che si e-
sprimeranno coi valori x_i, ma il problema che ci si pone è quello di scegliere una fra certe *decisioni* D_h. Potrà darsi in particolare che le D_h corrispondano alle ipotesi H_j in modo biuni-
voco, in modo che si possa indicare la decisione D_j come "accettazione di H_j", ma potremo avere un numero qualunque di decisioni (maggiore o minore di quello delle ipotesi), ed anche nel caso accennato la decisione intellettualistica assume un senso concreto, perchè D_j significherà "comportarsi come se fosse vero H_j
agli effetti di un'azione ben determinata". E il carattere realistico dell'impostazione acquista piena concretezza allorchè si
precisa - come detto - l'aspetto determinante di una decisione
come un effetto economico: nella formulazione di Wald, come la
perdita (Loss) $L_{ij} = L(D_i, H_j)$ che si subisce decidendo D_i quando
l'ipotesi vera è H_j.

Su tale modo di esprimere l'aspetto economico occorre apri-
re una parentesi, che meriterebbe d'esser sviluppata ampiamente;
l'essenziale potrà forse riuscire chiaro anche da un cenno necessariamente breve. L'abitudine di Wald e degli statistici a parlare di perdite proviene dalla convenzione di pensare (nel caso
di decisioni corrispondenti alle ipotesi) di porre $L_{jj} = 0$ (decisione *giusta*: D_j nell'ipotesi H_j) ed $L_{ij} > 0$ per $i \neq j$ (decisioni
errate: D_i, $i \neq j$, nell'ipotesi H_j); p.es. $L_{ij} = 0$ o 1 a seconda che
$i = j$ o $i \neq j$. E così per la stima di un parametro: avremo una per-
dita $L(\hat{\theta}, \theta) = 0$ o > 0 a seconda che $\hat{\theta}$ è uguale o diverso da θ (p.es.
$L = (\hat{\theta} - \theta)^2$, oppure $L = 0$ o 1 a seconda che $|\hat{\theta} - \theta|$ è minore o maggio-

B.de Finetti

re di un certo ϵ, etc.$^{(2)}$. Ma nulla cambierebbe, ovviamente, lando del *guadagno* o della *fortuna* $C-L_{ij}$ (con $C=$cost.) conseguibile mediante la decisione D_i essendo vera H_j.

Di tali perdite, o guadagni, o fortune, occorre in genere, a scopo comparativo, considerare la speranza matematica, e sono note le obiezioni che ciò comporta quando gli importi in gioco sono considerevoli (rispetto alle possibilità dell'individuo considerato). Ma tutto s'aggiusta semplicemente tornando alla speranza morale di Daniele Bernoulli, ossia, in linguaggio moderno, introducendo l'*utilità*; basta, cioè, sostituire alla fortuna $C-L$ una sua funzione $U=u(C-L)$ (generalmente supposta convessa verso l'alto), definita(univocamente, a meno di origine e unità di misura) dall'additività rispetto alle combinazioni probabilistiche. Precisamente, la situazione di rischio consistente nel poter venirsi a trovare con probabilità p' e p'' ($'+p''=1$) in situazioni aventi utilità U' ed U'', deve avere utilità

$$(8) \qquad U = p'U' + p''U''.$$

L'esistenza di una tale funzione di utilità, come conseguenza di naturali condizioni di coerenza, era stata nel frattempo dimostrata (incidentalmente, in un'appendice) nel citato volume di von Neumann e Morgenstern [57], e successivamente a-

---

(2)
    La scelta di simili espressioni non deve considerarsi arbitraria, ma tendente a valutare (sia pure in forma semplificata) circostanze effettive. Ad es., l'espressione del quadrato dello scarto può adattarsi al caso in cui si prendano decisioni tanto più dannose quanto maggiore sarà l'errore nell'apprezzare θ, mentre quella discontinua sarà adeguata se il danno c'è o non c'è a seconda che l'errore supera o no un certo margine di tolleranza ϵ (affinchè un pezzo possa venir montato in un assieme, o una resistenza funzionare in un certo dispositivo, etc). Per rendersi conto della ricchezza di varianti che l'impostazione di un problema può far incontrare a seconda di circostanze pratiche da cui dipendono gli effetti economici delle decisioni, si vedano gli interessanti esempi di cui v'è dovizia nelle pubblicazioni di Ricerca Operativa, e in particolare il recente libro di Schlaifer [72] (v.p.es. il §36.3).

B.de Finetti

veva dato origine a ricerche e sviluppi di diversi Autori.

Parlare di U, anzichè di L o di C-L, non cambia'nulla in u-
na formulazione astratta e teorica; in problemi pratici può però
complicare le cose (perchè ad es. se un esperimento comporta un
costo costante, non è facile tradurre tale semplice fatto nella
corrispondente perdita di utilità variabile). E chiudiamo qui
la parentesi, con la seguente conclusione pratica (per quanto
riguarda la presente trattazione): per semplicità supporremo di
poter identificare utilità e valore (cioè: utilità lineare) ram-
mentando che ciò però vale solo in prima approssimazione (praticamente: per operazioni la cui entità si possa considerare "di
ordinaria amministrazione").

Torniamo ora all'impostazione di Wald, e osserviamo che può
risultare utile aver presente l'illustrazione sotto la forma della seguente matrice, in cui le *righe* corrispondono alle *ipotesi*
o *eventi* (o "stati della Natura") H_j, e le *colonne* alle *decisioni* o *azioni* (o "strategie") dell'individuo.

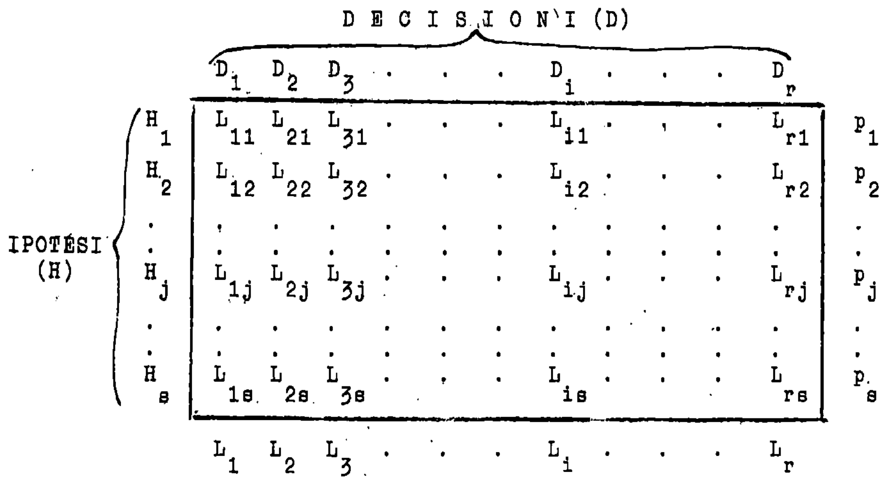

La tabella si vede qui completata (orlata) con una colonna

B.de Finetti

(a destra) delle probabilità $p_j=P(H_j)$ delle diverse ipotesi ed una riga (in fondo) delle perdite (medie) corrispondenti ad ogni decisione: $L_i=p_1L_{i1}+p_2L_{i2}+\ldots+p_sL_{is}$ (calcolate sulla base di dette probabilità). Naturalmente, questi elementi non compaiono nell'impostazione di Wald; qui sono aggiunti proprio per mostrare cosa manca nell'impostazione di Wald per poter dare al problema delle decisioni la risposta che sarebbe ovvia completando così l'impostazione: scegliere la decisione cui corrisponde la minima perdita (media), ossia che dà il massimo guadagno (medio), o (meglio, vedi quanto detto poco fa) la massima utilità (media). Abbiamo scritto sempre tra parentesi la parola "medio", e in seguito di norma la sottintenderemo o anzi sopprimeremo, in quanto per valore e per utilità in una situazione incerta s'intende per definizione la speranza matematica dei valori e quella delle utilità. Da notare del resto che (anche se non lo si dice esplicitamente) le stesse L_{ij} di partenza possono essere e in generale saranno dei valori medi (ad es.: potrà trattarsi del "prossimo raccolto di un frutteto", il cui valore dipenderà dalle condizioni atmosferiche e dall'andamento dei prezzi, per non dire di decisioni con sorteggio o sondaggio, di cui si parlerà fra poco).

In mancanza di una stima delle probabilità delle ipotesi, l'impostazione di Wald non potrà basarsi, in definitiva, per la scelta di una decisione, che sullo stesso criterio di Neyman, del confronto delle conseguenze subordinatamente a ciascuna delle ipotesi. Una decisione sarà cioè *ammissibile* se e soltanto se nessun'altra le è *uniformemente preferibile* (nel senso di dare in ogni caso una perdita minore [3], ossia se tutta la colonna de-

____

[3] Sottintenderemo, in espressioni del genere, la precisazione che si deve intendere "minore o uguale, e almeno in un caso minore".

. B.de Finetti

gli L è superiore a qualche altra). Basta però la maggiore ricchezza di elementi (concetto generale di decisione, e aspetto e-
conomico) per far sì che pur senza innovare il criterio informatore, l'impostazione possa penetrare più a fondo.

Un semplice accorgimento matematico, di cui sarà facile poi
intravvedere il senso effettivo,.permetterà di rendere rapide e
chiare le considerazioni da svolgere. Si tratta di considerare,
anziché isolatamente le rs costanti L_{ij}, una funzione che le riassume : la

$$(9) \qquad L(\xi,\eta) = \Sigma_{ij}\xi_i\eta_j L_{ij}$$

considerata come funzione dei vettori $\xi = (\xi_1,\xi_2,..,\xi_r)$ e
$\eta = (\eta_1,\eta_2,...,\eta_s)$ le cui componenti si suppongono tutte non negative e di somma =1. Insomma, la L è il valor medio delle L_{ij}
quando s'immagina di ponderare le decisioni D_i coi "pesi" ξ_i e
le ipotesi H_j coi "pesi" η_j. Potremo pensare i ξ_i come dei parametri, per ogni scelta dei quali $\zeta=L$ è una funzione lineare delle
η_i definita sul simplesso $\Sigma\eta_j=1$, $\eta_j\geq0$; per un'immagine geometrica intuitiva si pensi al caso s=3, ove il simplesso è un triango-
lo (che conviene pensare equilatero), coi vertici corrispondenti
alle tre ipotesi e i punti interni alle coordinate baricentriche
η_j, mentre i $\zeta=L$ sono piani $^{(4)}$.

Per le nostre considerazioni potremo limitarci anche qui addirittura alla dicotomia semplice (ossia al caso di due ipotesi,
e diciamole H_o e H_1)., ove potremo indicare semplicemente $\eta_1= \eta$,
$\eta_0=1-\eta$ $(0\leq\eta\leq1)$. Le $\zeta=L=a\eta+b$ non sono che delle rette (o, se si

---

(4)
    Sarebbe equivalente, beninteso, considerare gli η_i come para-
metri e gli ξ_i come coordinate: si otterrebbe una rappresentazione duale di questa, e cioè quella utilizzata da Savage in [71],§4.
    Entrambe possono apparire preferibili a seconda degli aspetti
che preme mettere in evidenza.

B.de Finetti

vuole, segmenti,dato che interessa considerarle soltanto entro
$0 \leq \eta \leq 1$). Ad ogni decisione D_i corrisponde una retta (che chiameremo essa pure D_i; una stessa retta può rappresentare decisioni dï-
verse ma equivalenti in quanto a perdite per ciascuna ipotesi)
(v.fig.1),

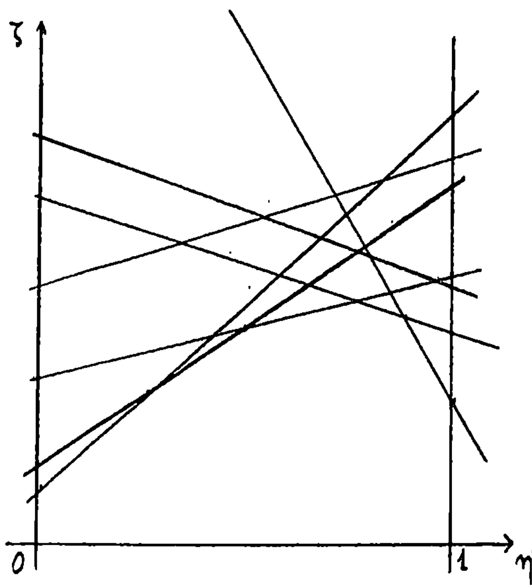

fig.1

Immaginiamo ora di aver disegnate tutte le rette che rappresentano le decisioni considerate, e discutiamone l'ammissibilità. Vanno scartate, per il già detto, le rette che (nel tratto
considerato) sono sempre al di sopra di un'altra: ciò equivale
infatti a dire che ciò vale per i due punti estremi, corrispondenti alle due ipotesi H_o e H_1. Ma vanno anche scartate le rette passanti al di sopra del punto d'intersezione di due altre.
Ciò è chiaro se si considera (con Wald) che insieme alle deci-

B.de Finetti

sioni D_i esplicitamente enumerate sono sempre possibili le loro *misture*, o *decisioni con sorteggio* (Randomized Decision) consistenti appunto nel sorteggiare con probabilità $\xi_1, \xi_2, \ldots, \xi_r$ quale delle decisioni $D_1, D_2, \ldots, D_r$ adottare. Si deve intendere che gli eventi usati per il sorteggio non hanno alcuna relazione con le ipotesi H_j (altrimenti saremmo nell'altro caso, di decisioni con sondaggio, di cui diremo fra poco). In tal modo la perdita di una decisione-mistura è la mistura delle perdite, proprio nel senso della $L(\xi, \eta)$; per due dimensioni, ciò vuol dire semplicemente considerare le combinazioni lineari delle rette D_i (pesi positivi), e, considerando in particolare due di tali rette, considerare le rette passanti per il loro punto intersezione (e con pendenza intermedia).

Ciò basta a dimostrare la conclusione fondamentale di Wald: *le decisioni ammissibili sono quelle bayesiane*, cioè quelle che rendono minima la perdita relativamente a una certa valutazione delle probabilità η_j degli H_j (qui, della probabilità η di H_1: ma si è indicato come la rappresentazione si estenda da due a tre e più dimensioni). Consideriamo infatti la spezzata formata, tratto per tratto, dalla più bassa delle rette D_i (vedi fig.2); si vede allora che una regola è bayesiana se la sua retta tocca la spezzata, e altrimenti non è ammissibile.

Che nel primo caso sia bayesiana è evidente: infatti nel punto in comune con la spezzata (se è un vertice, o altrimenti in tutti i punti in comune con un lato) realizza un minimo per la perdita, ossia è bayesiana rispetto al valore η in quel punto. Se invece non tocca la spezzata, si potrà considerare la parallela che la tocca, che è certo uniformemente preferibile; tutto sta a ricono-

B.de Finetti

scere che ad essa corrisponde una decisione possibile, e infatti
(se non una D_i) vi corrisponde almeno una mistura di due.

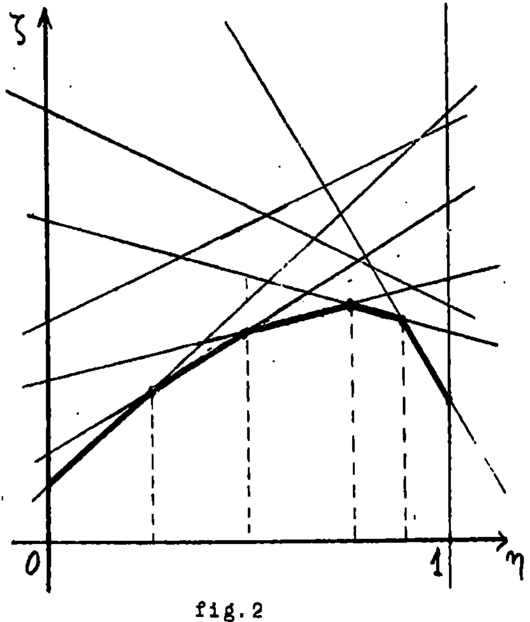

fig.2

Ma l'impostazione di Wald permette in modo diretto e realistico d'includere il confronto fra diverse regole di decisione,
ossia di affrontare completamente il problema della *progettazione*
o *disegno degli esperimenti* (Design of Experiments), pur di includere nella funzione perdita (o aggiungervi separatamente: è
questione di convenzione) il *costo degli esperimenti*. Risulta così superata quella limitazione che fa considerare quasi arbitrariamente fissato il numero di prove o qualcos'altro rinchiudendo
i metodi di scelta entro schemi artificiosi. E in questo spirito
si è presentata, sempre con Wald, l'idea della sperimentazione
sequenziale [78], in cui cioè si continua a fare delle osservazioni non finchè si raggiunge un numero prefissato di prove ma finchè si raggiunge una conclusione sufficiente. Una *regola di deci-*

B.de Finetti

sione D_i [79] del nostro schema può allora interpretarsi come u-
na regola che prescrive successivamente dei sorteggi, dei sondag-
gi (prove o gruppi di prove sperimentali), tenendo sempre conto
dei risultati acquisiti, fino a condurre in base ad essi a una
decisione finale (p.es. comprare o rifiutare un lotto di merce).

Il metodo sequenziale, nei casi ove è applicabile, porta in
pratica a forti economie, perchè il collaudo si sospende non appena si hanno indicazioni sufficientemente probative. Ma ciò è
non meno interessante dal punto di vista teorico, perchè il giudizio su come via via proseguire o fermarsi a decidere si basa sul
modificarsi dei rapporti di verosimiglianza man mano che si accu-
mula l'esperienza. Si è cioè quasi obbligati, parrebbe, a riconoscere la necessità del ritorno all'impostazione bayesiana, tanti
dei suoi elementi sono riapparsi spontaneamente come necessari.
Tuttavia, quanto a interpretazione concettuale, Wald non trae queste conseguenze; anzichè conquiste generali, egli considera i suoi
risultati come strumenti formali interpretabili nel seno dell'impostazione oggettivista. Da qui ad es. l'idea di applicare nella
statistica il metodo del Minimax, consistente, nel linguaggio bayesiano, a scegliere l'opinione iniziale in modo dipendente dalle
particolarità dello schema di decisioni e relative perdite e co-
sti.

Ciò è giustificato nella Teoria dei giochi, e più precisamente nel caso di giochi tra due persone a somma nulla, interpretabile col medesimo schema di decisioni D_i e ipotesi H_j cui ci rife-
riamo, con la sola differenza che le H_j sono decisioni di un altro individuo, il quale ha interessi esattamente opposti ai nostri,
in quanto egli guadagna ciò che noi perdiamo. In tale situazione

B.de Finetti

esistono due decisioni (o strategie: qui tale termine è il più appropriato e usato) che sono in certo senso le ottime, e si fanno equilibrio: quelle costituenti appunto la soluzione Minimax (teorema di von Neumann). La scelta di tale criterio di decisione è in tale caso giustificata proprio perchè si pensa che la decisione dell'avversario sarà dettata da considerazioni analoghe basate sulla natura e le conseguenze del gioco; perciò posso reputare che l'avversario sceglierà la strategia Minimax, e questa è l'opinione iniziale che giustifica anche da parte mia l'adozione della strategia Minimax. Ma all'infuori della teoria dei giochi (o anche ivi, se non si è nel caso di interessi esattamente contrapposti) ogni giustificazione viene a mancare ed è anzi facile vedere che (anche a considerarla un artificio formale) l'opinione iniziale dev'essere unica quale che sia lo schema di decisione: basta riunire tutti gli schemi che si vuole in un solo.

Si può dire, come conclusione, che Wald, con la sua impostazione realisticamente behavioristica, aveva incontrato tutto ciò che occorreva per obbligare al ritorno alla conoezione bayesiana, ma si limitò all'aspetto formale. Per superare il fosso che lo tratteneva nel dominio oggettivistico, avrebbe dovuto domandarsi se, dal momento che scegliere una regola di decisione ammissibile significa scegliere una regola bayesiana e cioè, almeno implicitamente, un'opinione iniziale, non si dovesse pensare che tale scelta, anzichè come cosa arbitraria, fosse da interpretare come qualcosa che riflette proprio questa "opinione iniziale". E' stato Lindley [47][50] a porre la questione in questi termini, che mi sembra presentino nel modo più abile agli oggettivisti l'occasione di riflettere. Se l'impostazione soggettiva conducesse a risultati divergenti, sarebbe spiegabile un'opposizione; ma se

B.de Finetti

sono gli stessi, e fra quelli ammissibili la teoria oggettiva dice di scegliere ad arbitrio non potendo dare alcun criterio di
preferenza, e quella soggettiva dice lo stesso ma spiega ogni possibile scelta come corrispondente a un'appropriata opinione iniziale, perchè respingere tale insostituibile integrazione?

E' appunto sulla linea di queste riflessioni che si può considerare avviato il processo di superamento delle concezioni oggettivistiche e di ritorno all'impostazione bayesiana, o neo-bayesiana se si vogliono sottolineare le precisazioni necessarie ad
evitare i difetti d'origine (di cui s'è detto nel §2).

Attraverso i cenni precedenti, abbiamo cercato di individuare i fattori che dall'interno stesso della teoria oggettivista
hanno condotto a ritrovare la via verso la concezione da cui ri-
fuggiva. Ma occorre menzionare, per avere un quadro più completo,
altri fattori esterni.

Intanto non hanno mai cessato di esistere sostenitori del-
l'impostazione bayesiana, fra i quali possiamo distinguere due
tendenze diverse:

- quella soggettivista, che concepisce le opinioni iniziali
(al pari, del resto, di qualunque altra valutazione di probabilità) come un fatto puramente soggettivo, personale (Ramsey [68],
de Finetti, Koopman [43]);

- quella logica, che concepisce la distribuzione iniziale
come qualcosa da accettarsi a priori in base ad argomenti sul tipo del "postulato" di Bayes (Keynes [39], Jeffreys [35], Carnap [6]
[7]).

Non credo si possa dire che tali correnti abbiano avuto un'influenza notevole sull'evoluzione degli oggettivisti, i quali le

B.de Finetti

consideravano estranee al loro mondo; certamente giovò nella f·se finale, cioè all'inizio della crisi della concezione oggettivista, il fatto che tali correnti fossero esistite ed avessero preparato il terreno per nuove impostazioni.

Ma altri fattori hanno concorso in misura forse maggiore, e cioè la concomitanza con lo sviluppo di applicazioni della probabilità e statistica in molti campi dove le concezioni classiche sono visibilmente troppo ristrette, come l'economia, la psicologia, la ricerca operativa. Da tutto ciò non è sorto nè poteva sorgere un qualche argomento teorico a favore di una determinata concezione, ma il panorama delle esigenze applicative si è andato alterando, e ciò ha alterato l'atmosfera in cui gli statistici, anche oggettivisti, dovevano respirare.

Infine, l'accennata ricomparsa dell'utilità attraverso il legame di tipo bernoulliano colla probabilità, ha dato lo strumento e l'avvio per la fusione di entrambi i concetti in un'unica impostazione di tipo behaviorista, com'è quella del Savage [70][5]. In essa tutto il comportamento *coerente* si definisce mediante pochi assiomi, dai quali discendono in particolare le condizioni per la coerenza nella valutazione delle probabilità e per la coerenza nella valutazione delle utilità. Tale posizione si può ben dire neo-bayesiana e neo-bernoulliana (benchè la dicitura sia troppo lunga e contingente per esser consigliata). Il fondamento infatti si riduce a:

- *imparare dall'esperienza conformemente al teorema di Bayes,*

- *decidere in modo da massimizzare la speranza matematica dell'utilità* (ossia, con unico termine, *l'utilità*).

---
(5)
    In germe, l'idea di tale fusione risale a Ramsey [68].

B.de Finetti

Tuttavia, questa constatazione (del resto certamente ancor lungi da un'accettazione unanime) di una tendenza al ritorno ai fondamenti classici per una teoria delle decisioni, non costituisce certo una conclusione per il cammino delle teorie di cui ci occupiamo. Il raggiungimento di questa piattaforma costituirebbe appena il punto di partenza per affrontare sia problemi vecchi con spirito nuovo che problemi nuovi. Alcuni dei compiti più pressanti consisteranno ad es.:

- nell'approfondire l'esame concettuale dei problemi, per chiarire ed eliminare i motivi degli equivoci antichi e delle incomprensioni recenti;

- nel vagliare la possibilità di utilizzare, opportunamente reinterpretandoli, i metodi che furono introdotti secondo punti di vista non bayesiani, o altrimenti esaminare come sostituirli;

- nell'affrontare le svariate questioni che pone l'estensione del campo delle applicazioni in nuove molteplici direzioni.

B.de Finetti

ESAME CRITICO DEGLI ASPETTI CONTROVERSI

§5. QUESTIONI CONCETTUALI

Abbiamo intravviste e sfiorate, nella sintetica scorsa sto-
rico-comparativa, molteplici questioni sia concettuali che matematiche su cui appariva interessante o necessario intrattenersi.
E' impossibile farlo esaurientemente, perchè tali questioni, oltre a presentare innumerevoli aspetti, danno luogo a obiezioni
di tipo diverso a seconda che provengono da fautori di ciascun
punto di vista e si rivolgono a fautori di ciascuno degli altri
punti di vista.

Gioverà tuttavia dare almeno una traccia, un filo condutto-
re, per tentare di render possibile una visione un pò concatena-
ta delle principali questioni (dapprima concettuali, in questo
paragrafo; poi matematiche, nel prossimo). Lo faremo allineando
alcune affermazioni che mi sembrano caratterizzare la posizione
chiarificatrice che la teoria soggettiva intende assumere, e in
relazione alle quali diventa visibile la radice delle diversità
di altre impostazioni.

Dalle accennate polemiche tra diverse scuole oggettiviste,
tale radice appariva individuata nell'antitesi fra "ragionamento
induttivo" e "comportamento induttivo"; guardando del nostro punto di vista apparirà piuttosto che vi è un'impostazione coerente
valida per il ragionamento induttivo e quindi per un comportamento ad esso conforme, ed altre impostazioni che danno luogo a tali distinzioni causa proprie manchevolezze. Sviluppi propri del-
l'argomento del "comportamento induttivo" si hanno soltanto in
quanto le decisioni (a differenza delle opinioni) possono essere
collettive (collegiali) anzichè personali.

B.de Finetti

In questo paragrafo condenseremo l'esposizione di tale t··~~ in cinque affermazioni concernenti il ragionamento induttivo e cinque riguardanti il passaggio al comportamento induttivo, o teoria delle decisioni.

(1) Di un evento (cioé di una qualsiasi affermasione veri- ficabile) si può soltanto:

― nell'ambito della logica del certo, chiedersi se è certo, impossibile, possibile (si può cioè dimostrare che la risposta è o SI', o NO, o che non si può dimostrare nè SI' nè NO),

- nell'ambito della logica probabilistica, valutarne la pro- babilità (secondo il nostro giudisio),

- all'infuori di ciò, non c'è altro da dire.

Altri punti di vista hanno dei preconcetti contro la valu- tazione di una probabilità se non basata su schemi ristretti. Ta- li schemi, considerati come astrazioni teoriche, non lasciano al- cun adito a connessioni con applicazioni di nessun genere, men- tre, interpretati come qualche cosa di applicabile alla realtà, si riducono a semplici accorgimenti, che sono sempre o quasi più- o meno presenti in ogni valutazione di probabilità, senza con ciò poterne snaturare il significato, trasformando - come si vorrebbe - una valutazione soggettiva in una misteriosa entità metafisica do- tata di valore oggettivo.

Ma non vogliamo qui entrare in tali discussioni riguardanti la definizione di probabilità. Rimanendo nell'ambito delle consi- derazioni che più strettamente riguardano il nostro tema, osser- viamo che tale riluttanza a parlare delle probabilità di un sin- golo fatto o *ipotesi* non conduce affatto a impostare i problemi nell'ambito della logica del certo (e dei frammenti considerati obiettivi del calcolo delle probabilità). Per non dire che il me-

B.de Finetti

todo induttivo conduce a conclusioni *probabili*, le teorie cos'? - dette oggettive sono costrette a introdurre un concetto di "ac- cettabilità" o "rigettabilità" che costituisce un surrogato com- pletamente extralogico della probabilità (estraneo cioè sia alla logica del certo che alla logica del probabile).

(2) Nulla si può concludere dal "non saper nulla"; per dir meglio, questa è una frase che non dice nulla a meno di non usar- la per esprimere malamente e ambiguamente qualcos'altro.

Due frasi aventi senso, e che spesso sono espresse con tale dizione deprecata, sono "Mi rifiuto di esprimere un mio giudizio sulla probabilità di questi eventi", oppure "Valuto in modo sim- metrico *certe* probabilità connesse a questi eventi perchè tutto quel che ne so (poco o tanto che sia, almeno la definizione!) mi fa sentire in posizione simmetrica di dubbio". Si badi che questa seconda frase può riferirsi a varie simmetrie, per cui non sareb- be sufficiente rimedio parlare di "non saper nulla nel senso del- la simmetria": dati n eventi $E_1 \ldots E_n$, posso p.es. intendere che considero ugualmente probabili i 2^n casi possibili (come a testa e croce), oppure che attribuisco la stessa probabilità $1/(n+1)$ al- le possibili frequenze, o-perchè no? - chissà cos'altro ancora.

In molte teorie si cerca invece di impiegare il "nulla" co- me un caposaldo, in svariati modi tutti contrastanti con l'affer- mazione *(1)* dicendo ad es. che "una probabilità *non esiste*" os- sia "non ha senso" (p.es., quelle della "distribuzione iniziale") oppure (ammettendo, esplicitamente o implicitamente, che esista) che "non sappiamo nulla di essa","può essere qualunque". L'ulti- ma frase - come vedremo al punto *(3)* - può anche alludere mala- mente a qualcosa da cui si può estrarre un senso; comunque tale uso del "nulla" (indipendentemente dal fatto di non aver senso

B.de Finetti

entro il punto di vista soggettivo) non si è mai rivelato adatto, neppure entro le speciali teorie che vi fanno posto, a costruirvi sopra nulla se non discussioni confuse.

(g) Una valutazione di probpbilità non è un evento: non ha senso pertanto chiedere se un'affermazione concernente delle probabilità è vera o falsa o parlare della sua probabilità.

Non si può parlare ad es. delle verità o falsità o probabilità di affermazioni come "questa moneta è perfetta" (se ciò significa "p=1/2 per Testa al primo colpo"), o "gli eventi A e B sono indipendenti" (ossia: "P(AB) = P(A).P(B)"), o "gli eventi A e B sono ugualmente probabili" (ossia : P(A) = P(B)), o "questa moneta è perfetta" (nel senso più restrittivo: p=1/2 in ogni colpo indipendentemente dai risultati precedenti), etc.

In altre parole: non ha senso parlare di probabilità incognite, quasi pensando a grandezze oggettive con cui confrontare una valutazione. Naturalmente, ci possono essere fatti o circostanze oggettive incognite, la cui conoscenza influirebbe sul nostro giudizio di probabilità. L'esempio più noto è quello di un'urna di composizione incognita, in cui si assume al solito di valutare p=m/n la probabilità di estrarre palla bianca subordinatamente all'ipotesi che le palle bianche siano m su n (e quindi la probabilità di estrarre palla bianca è la speranza matematica della percentuale incognita di palle bianche). Sembra allora un veniale abuso di linguaggio dire che "m/n è la probabilità incognita" anziché "la percentuale incognita"(subordinatamente alla quale poi m/n potrà anche essere la nostra valutazione di probabilità). Come ha bene espresso il Keynes [1] criticando il linguaggio di Laplace e altri basato su "probabilità incognite", cosa

____

[1] In [39]; v.citazione e commenti di Fisher in [23],pp.44-45.

B.de Finetti

si deve intendere con simile frase?: "Do we mean unknown through
lack of skill in arguing from given evidence, or unknown through
lack of evidence? The first is alone admissible, for new evidence would give us a new probability, not a fuller knowledge of the
old one". E' infatti P(E/H), non più P(E).

Tuttavia anche Keynes indebolisce la sua affermazione dicendo altrove che una probabilità potrebbe non esistere, e perfino
un Autore provveduto come Good parla di "probabilità tautologiche" in casi come "probabilità di Testa nell'ipotesi che la moneta sia perfetta"[29]. Gli è che quel linguaggio è tradizionalmente connaturato alla spiegazione di metodi indispensabili, ed appare perciò naturale e indispensabile: come si possono conservare e chiarire quei metodi esprimendoli con linguaggio corretto vedremo nei §7-8.

Si noti, tra l'altro, la conseguenza semplificatrice dell'affermazione *(3)*: grazie ad essa abbiamo solo eventi e valutazioni
di probabilità per eventi; altrimenti si inizierebbe una scala a
infiniti gradini (probabilità di una probabilità, e via dicendo).

(4) Parlando di una probabilità subordinata, P(E/H), *va ripetuto tanto per E che per H quanto detto per E riguardo a* P(E):
*la nozione ha senso se e soltanto se E ed H sono eventi, ed H de-
ve indicare proprio tutta l'informazione supposta o acquisita.*

Intanto, non avrebbe senso porre per H il "non saper nulla"
o il supporre "che una certa probabilità valga p".

Più seria l'ultima avvertenza, su cui particolarmente dovremo ritornare nel §. seguente per conseguenze delicate anche dal
punto di vista matematico. Ma anche gli aspetti concettuali, cui
si limiteranno i presenti brevi cenni, sono importanti e significativi. Abbiamo detto che H è l'informazione *supposta o acquisi-*

B.de Finetti

ta: ecco intanto perchè la distinzione è opportuna [17]. La p. - ma dizione ci fa pensare a P(E/H) come alla probabilità che stimeremmo equa per una scommessa su E da stipulare *subito* ma valida se si verificherà H; nella seconda si penserebbe ad una scommessa da stipulare *dopo* appreso H e alle condizioni che appariranno eque in quel momento. C'è almeno un fatto da sottolineare: quando avremo appreso H ci sarà certamente qualche altra cosa che avremo appreso nel frattempo. Difficilmente avremo soltanto la conferma che, ad es., "a Roma nel giorno fissato ha piovuto o no", senza sapere anche che la pioggia era leggera o temporalesca e intermittente o continua etc. e che nel caso opposto il cielo era sereno o coperto, e comunque qual'era la temperatura e via dicendo. Sapremo cioè mai H ma H' = H più qualche dettaglio o altra cosa, e la situazione cambia: sarà P(E/H') $\neq$ P(E/H). Ma anche se apprenderò soltanto "ha piovuto", se la fonte dell'informazione è facoltativa posso dubitare che il fatto che la notizia sia stata trasmessa significhi probabilmente che la pioggia era forte (anche se ciò non è esplicitamente detto). Se poi la fonte è obbligatoria, cioè se mi ero assicurato una risposta, ma con alternative non disgiuntive (p.es. pioggia, sereno, variabile, nebbioso, etc., ove può esserci stata pioggia con ogni risposta seppure con diverse probabilità), la risposta "pioggia" dà ancora un H' $\neq$ H. Vien voglia di concludere che una stessa informazione ha valore diverso a seconda del modo in cui è ottenuta: p.es. che "pioggia" sia diverso se risponda alla domanda SI o NO, oppure SI o NO con sereno, NO con coperto; ciò sarebbe in accordo con perplessità sorgenti da paradossi matematici (v.§6) e da preconcetti abituali alla statistica [2].

------

[2]
   Cfr.L.J.Savage, §4, in fine.

B.de Finetti

Invece qui si andrebbe troppo oltre: si negherebbe l'affermazione *(4)* per cui P(E/H) dipende (come la stessa notazione esige) da E e da H. Ma rimane un fatto: che solo l'interpretazione
preventiva (H *supposto non acquisito*) preserva da inestricabili
motivi di perplessità.

Un ripiego spesso invocato per evitare siffatta difficoltà
consiste in semplificazioni artificiali, in cui si ignora deli-
beratamente una parte dell'informazione per fingere di trovarsi
in una situazione più semplice (ad es. simmetrica). Si consiglia
di ignorare informazioni preliminari, o di basarsi sul fatto che
un campione è scelto casualmente, per non tener conto di eventuali squilibri tuttavia verificatisi, etc. [3]; tutto ciò è da condannare. Sono giustificati i motivi che si adducono, p.es. possibilità di anche involontari errori (memoria selettiva: miglior ricordo dei risultati graditi o viceversa, etc.). Ciò rientra nei
motivi di dubbio menzionati precedentemente, ed occorre analiz-
zarli così come ci appaiono: la conclusione di tener conto parzialmente o per nulla di tutto ciò sarà una conseguenza di tale
analisi caso per caso ma non potrà costituire una regola cieca-
mente meccanica.

(5) Il ragionamento induttivo non è che la considerazione di
P(E/H) dopo osservato E, conformemente al teorema di Bayes (os-
sia, al teorema delle probabilità composte, di cui è un corolla-
rio).

Secondo tale teorema, la probabilità di H subordinatamente
ad E

(10)   P(H/E) = K.P(H).P(E/H)   (con K costante di normalizzazione)

---

(3)
    Cfr.L.J.Savage, §5; v.anche Good [28] e Schlaifer [72]

B de Finetti

deriva dalla probabilità iniziale P(H) e dalla "likelihood" (ossia
probabilità condizionata) P(E/H); non ci sono probabilità finali
senza probabilità iniziali, null'altro ha senso dire (conformemente ad (1)) su "accettabilità" o altro di H dopo osservato E se
non valutarne la probabilità, e quindi o si parte da probabilità
iniziali e tutto il ragionamento marcia secondo la logica del probabile, oppure si parte dal nulla e si rimane eternamente nel non
poter dire nulla (salvo errare o dire cose che non rispondono allo scopo (4)).

Le affermazioni (1)-(5) si riferivano al ragionamento induttivo; con le seguenti passeremo invece a considerare il comportamento induttivo (per negare - come preannunciato - la fondatezza
di tale contrapposizione, ma illustrare gli aspetti nuovi introdotti dal problema delle decisioni e in special modo dall'eventuale carattere collegiale o comunque interpersonale di una decisione) (5).

*(6) Il comportamento ottimo di fronte all'incertezza per un
dato individuo, consiste nello scegliere la decisione che massimizza l'utilità sperata. Se può avere gratuitamente delle informazioni e scegliere dopo, si ha semplicemente un allargamento del
campo delle decisioni possibili; quella ottima si ottiene scegliendo opportunamente la partizione su cui chiedere l'informazione,
e su ogni elemento di essa scegliendo la decisione ottima. Se
l'informazione ha un costo bisogna includerlo nel risultato (se
utilità e costo possono esprimersi in termini monetari, basta di-*

---

(4)
    "Errare" allude a Fisher (argomento fiduciale); dire "altre
cose" a Neyman (probabilità di errore anteriore al risultato)
(cfr.§3).
(5)
    Più ampiamente ho sviluppato considerazioni su tale argomento
nella comunicazione [21] a un colloquio immediatamente precedente
il corso di Varenna.

B.de Finetti

re che il costo va detratto dal guadagno sperato).

Ciò significa che il comportamento ottimo non è di per sè "induttivo"; esso deve solo basarsi sulle valutazioni di probabilità, e sono queste che si modificano in base alle informazioni secondo i dettami del "ragionamento induttivo" ossia del teorema di Bayes.

Un concetto autonomo di "comportamento induttivo" subentra solo se si desidera includere nello studio anche comportamenti irrazionali (non ottimali, cioè non "ammissibili" nel senso di Wald).

Ciò può del resto essere interessante, dato che, come sta dimostrando Savage nel suo corso, i provvedimenti suggeriti dalla statistica oggettivista non sono "ammissibili".

Altra ragione meno contingente sta nel fatto che è necessario un inquadramento più largo per impostare l'esame nel caso di decisioni dipendenti da più individui.

Si noti come, nella formulazione seguita, risulta ovvia l'equivalenza fra una caratterizzazione *preventiva* del comportamento ottimo e quella *consecutiva*: la decisione finale dev'essere sempre quella migliore rispetto allo stato d'informazione finale. Con riferimento alle considerazioni ad *(4)*, si noterà che l'interpretazione consecutiva è tuttavia migliore ogni qualvolta ci si possa attendere un'informazione finale casualmente più ricca di come previsto nella partizione prestabilita [6].

---

[6] Che i metodi contradicenti l'equivalenza tra impostazione "preventiva" e "consecutiva" siano non ammissibili è quanto Savage rileva nel §4 del suo corso riferendosi al livello di significatività e al criterio Minimax (v.anche Lindley [48]). Naturalmente, il fatto che l'equivalenza debba sussistere in principio (a parte le questioni critiche dhe vedremo nel §6), non significa che sia sempre praticamente possibile prevedere fin dal principio ogni possibile risultato e predisporre fin dal principio la

./.

B.de Finetti

(7) Una decisione collegiale di più individui, quando con cordino nella valutazione dell'utilità (p.es. riducendola a termini monetari) ma non in quella delle probabilità, dev'essere quella ottima per un individuo che avesse opinioni comprese (convessamente) fra quelle degli individui considerati.

Con ciò si soddisfa la condizione dell'optimum peretiano (cioè: in caso diverso esisterebbe una decisione che tutti troverebbero preferibile, od almeno alcuni preferibile e nessuno peggiore). La conclusione si può precisare se si precisano le circostanze in gioco: se p.es. i membri del collegio sono personalmente interessati, secondo quote qualunque, al risultato, è possibile renderli tutti ugualmente soddisfatti che se ciascuno scegliesse la decisione per lui ottima adottando la miscura delle decisioni (pesi=quote), e si può ottenere un risultato migliore per tutti (a meno che detta mistura non sia già una decisione ammissibile: caso di punto angoloso) scegliendo la decisione ammissibile "parallela" (ved.fig.3 e spiegazione relativa).

Ulteriori miglioramenti potrebbero venire previsti pensando a scommesse tra gli individui, con prelevamento a favore del fondo comune, e tuttavia "eque" per tutti grazie alle diverse valutazioni di probabilità.

---

decisione da prendere in ciascun caso. Il concetto consistente nel raccomandare ciò, e quello opposto consistente nel riconoscere quanto in ciò vi sia d'irrealizzabile, sono menzionati da Savage [70] sotto la forma di due proverbi: "Look before you leap", e "You can cross that bridge when you come to it". A ciò si riallacciano le considerazioni sulla qualità (di accortezza, intuizione) di cui dovrebb'esser dotato uno statistico per afferrare il valore d'informazioni e risultati non inizialmente previsti (facoltà per cui sta entrando nell'uso il nome di *serendipity*, dal nome di una principessa di Ceylon, protagonista di una fiaba in cui riusciva a volgere a suo vantaggio circostanze strane e a prima vista sfavorevoli).

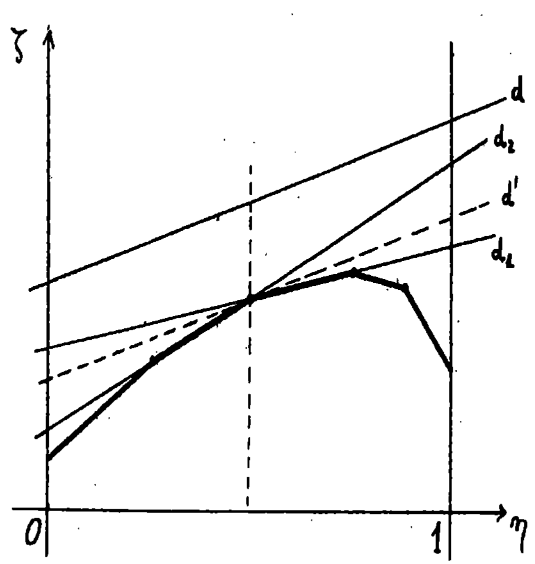

fig.3

La regola di decisione rappresentata d *può essere miglio-
rata adottando la regola rappresentata dalla retta* d' *(radente
al contorno); questa si può ottenere come mistura delle regole
rappresentate dai due lati* d_1 *e* d_2.

67

B.de Finetti

(8) Un fattore che può giocare in tale conclusione è la tendenza alla coincidenza delle opinioni col crescere dell'informazione.

Se ad es. due individui con opinioni iniziali molto lontane riguardo alla composizione di un'urna attendono di aver raccolto tante osservazioni da giungere ad opinioni finali praticamente coincidenti, la scelta della decisione è di per sè concorde. Si noti però che, se l'informazione costa, il criterio di attendere l'unanimità circa la decisione riuscirebbe di norma troppo costoso.

L'idea di una *distribuzione di opinioni* che si modifica al crescere dell'informazione (in quanto ciascuna di esse si modifica conformemente al teorema di Bayes) e tende a concentrarsi in modo che in definitiva si giunga ad una unanimità (o maggioranza, o qualcosa di simile) per prendere una certa decisione, costituisce un elemento fondamentale del pensiero statistico, e tenderebbe a far applicare anche nel caso di decisioni collettive il concetto della equivalenza fra impostazione *preventiva e consecutiva.*

Ma invece non è così, come risulta dall'osservazione seguente.

(9) Un diverso e indipendente fattore di ottimizzazione si ha quando una decisione collettiva prevede per ciascuno l'accettazione di una decisione cattiva (nel senso consecutivo) in casi che egli giudica poco probabili.

Se ad es., dovendo decidere sull'accettazione di una partita di merce, uno dei due soci è sicuro che la qualità è buona e l'altro che è scadente (p.es. attribuiscono probabilità 10% e 90% al fatto che ciascun pezzo sia difettoso, indipendentemente da ogni osservazione sugli altri), potranno trovarsi d'accordo nel de-

B.de Finetti

cidere di accettare o respingere la partita a seconda che su t
pezzi esaminati saranno più quelli buoni o quelli difettosi.

Ma ciò non perchè l'esperienza influisca sulle loro opinioni (per ipotesi siamo nel caso d'indipendenza!), bensì perchè
ciascuno inizialmente pensa che è piccolissima (per lui; precisamente 28/1000) la probabilità di un risultato diverso dal previsto e quindi di una decisione diversa da quella che ritiene buona (con opinione non soggetta ad essere influenzata dall'esperienza). Per chiarire l'essenza dell'osservazione, si pensi che sarebbe stato indifferente fissare la regola d'accettazione in base a
qualunque altro fatto del tutto irrilevante per la decisione (p.es.
all'esito del prossimo tentativo di mettere in orbita un satel-
lite, o di traversare a nuoto la Manica, o di non importa che altro), purchè le opinioni in merito divergessero altrettanto (l'u-
no valutasse a 0, 028 la probabilità di successo e l'altro quella d'insuccesso).

Ciò illustra come un accordo preventivo ottimo debba poter
ammettere casi in cui questo o quello dei partecipanti sarà obbligato ad accettare qualcosa che gli farà rimpiangere l'adesione
data quando pensava trascurabile la probabilità di ciò che poi si
è verificato; è essenziale che un simile accordo sia irrevocabi-
le.

*(10) Maggiori complicazioni si devono affrontare quando an-
che maggiori sono le differenze di atteggiamenti e d'interessi
fra gli individui. Ma non è che occorra un criterio nuovo: si
tratta solo di applicare il criterio della massima utilità sperata in circostanze diverse.*

Si entrerebbe allora nel campo della "teoria dei giochi"; si
incontrerebbero i problemi delle strategie (in cui ciascuno si ba-

B.de Finetti

sa sulla previsione delle valutazioni di probabilità altrui) e

dei tipi di accordi possibili e prevedibili per condurre alle

decisioni [7].

----

(7)
    Che anche tali casi rientrino nella regola generale, anzichè
costituire oggetto di apposite costruzioni teoriche come comune-
mente si ritiene, è la tesi sostenuta nella mia già citata comunicazione [21], §11.

B.de Finetti

§6. QUESTIONI MATEMATICHE

Nal passare ora alle questioni di natura matematica, cominciamo col precisare che intendiamo occuparci di quelle questioni che hanno interesse *nel* calcolo delle probabilità, e non semplicemente *per* il calcolo delle probabilità. Cioè, non ci occupiamo degli strumenti matematici (e sarebbero svariatissimi) che servono a sviluppare diverse trattazioni o a consentire diverse applicazioni del calcolo delle probabilità. Quelli su cui dobbiamo un po' soffermarci sono i problemi matematici connessi più o meno intimamente coi fondamenti della teoria delle probabilità e con gli aspetti concettualmente controversi o suscettibili di dubbi concernenti in generale il nesso di tale teoria con le applicazioni.

Nell'impostazione iniziale, nell'enunciazione assiomatica dei fondamenti, tutto è chiaro ed elementare in condizioni semplici. Se ad es. ci si limita a considerare un numero finito di eventi o di numeri aleatori limitati, non c'è alcuna difficoltà a dire che il calcolo delle probabilità, formalmente, altro non è che lo studio delle funzioni additive non-negative e normalizzate nel campo degli eventi (o numeri aleatori) considerati. Usando lo stesso simbolo P per indicare la probabilità di un evento e la speranza matematica di un numero aleatorio (come è utile finchè si rimane nelle generalità dell'impostazione, che risulta semplificata), basta cioè porre come assiomi:

I) $\inf X \leq P(X) \leq \sup X$ (la speranza matematica di X non può essere esterna all'intervallo che racchiude i valori possibili per X);

II) $P(X{+}Y) = P(X) + P(Y)$ (additività della speranza matematica).

La definizione per gli eventi rientra senz'altro nella precedente se si considera P(E) come scrittura abbreviata per

B.de Finetti

$$P(E) = P(|E|) \qquad \text{dove} \qquad |E| = \begin{cases} 1 & \text{se E è } \textit{vero} \\ 0 & \text{se E è } \textit{falso} \end{cases}$$

ossia $|E|$ è l'*indicatore* dell'evento E. Gli assiomi I e II dicono allora senz'altro che è sempre $0 \leq P(E) \leq 1$ e in particolare si ha 1 o 0 se E è certo o impossibile, e che vale il teorema delle probabilità totali (per eventi incompatibili, la probabilità della somma logica è la somma delle probabilità).

Per introdurre (formalmente, e sotto la condizione $P(H) \neq 0$) le probabilità (e speranze matematiche) *subordinate a un evento* H, basta inoltre porre per definizione $^{(1)}$

$$P(X|H) = P(X.|H|)/P(H)$$

(dove, ovviamente, il prodotto di X per $|H|$ è il numero aleatorio che vale X se H è vero ed è nullo se H è falso).

Non appena però si abbandonano le condizioni semplificatrici cui ci eravamo limitati, il problema assume tutte le ben note complessità della teoria della misura astratta; e non è soltanto il desiderio di generalità del matematico che suggerisce di arricchire il quadro dell'impostazione, ma anche la necessità di poter interpretare i problemi pratici in uno schema sufficientemente elastico.

Nella teoria della misura s'incontrano, come è ben noto dei risultati giudicati patologici, paradossali. In che senso?

Se pensiamo realmente alla teoria astratta, c'è ben poco motivo di parlare di paradossi. La misura (come qualunque concetto considerato in astratto) è qualcosa di completamente arbitrario,

---

(1)
    Anziché introdurre tale proprietà come definizione, ritengo preferibile [17], come anche Koopman [44], considerare le probabilità subordinate come ente primitivo, ponendo un assioma in più. Ma qui è forse meglio sorvolare su questioni che non avremo necessità di approfondire.

B.de Finetti

e tutte le sue proprietà si possono ammettere o scegliere in base alla convenienza formale: non esiste alcuna ragione vincolante. Ossia, esiste solo la non-contradittorietà; e può ben darsi che anche tale semplice esigenza imponga restrizioni inattese passando da condizioni tradizionali a condizioni allargate. Ma niente di più.

Se pensiamo a una qualche interpretazione geometrica, vi sono proprietà (di area, volume, etc.) che sembrerebbero dover valere intuitivamente per ogni ragionevole estensione della nozione di misura, ed appare paradossale che per qualche estensione (o, in certe condizioni, per ogni estensione) ciò invece non abbia a sussistere. Tuttavia, è ben ammissibile che, estendendo un concetto dai casi semplici ove ha un senso immediato ad altri, s'incontrino novità strane e impreviste.

Diverso è invece il caso nella teoria delle probabilità, se almeno la si considera (come intendiamo fare) non come uno schema astratto ma come una teoria logica concreta, in cui gli eventi sono realmente eventi (fatti determinati osservabili) e le probabilità realmente probabilità (espressione dell'opinione di qualcuno su di essi). In tal caso la condizione è capovolta: la probabilità risulta definita per tutti gli eventi, anteriormente e indipendentemente da eventuali artifici (come: introduzione di uno "spazio" di cui gli eventi sarebbero "insiemi", e di proprietà "topologiche" per esso) da cui appena scaturirebbe una distinzione di eventuali insiemi in qualche senso "patologici".

Da questo punto di vista, non è quindi lecito accettare limitazioni o prendere decisioni fra più alternative basandosi, come si potrebbe fare nella teoria astratta della misura, sull'arbitrio o sulla convenienza formale di certe convenzioni: nella

B.de Finetti

teoria delle probabilità occorre discutere svisoerare e risolvere i dubbi nel modo che risulta *imposto dal significato sostanziale della probabilità*. In questo senso il problema è più
ohe mai un problema nel calcolo delle probabilità; e si avrebbe
pur sempre un significato pregiudiziale anche accettando il punto di vista più diffuso, ohe consiste nel costruire uno schema
astratto di teoria delle probabilità (riservandosi grazie a tale aggettivo il diritto di lasciarsi guidare, nella scelta degli
assiomi, da ragioni di comodità, e soprattutto dall'opportunità
di utilizzare teorie analitiche bell'e pronte con semplici cambiamenti terminologici$^{(2)}$).

Il modo più comodo, nel presente caso, di appoggiarsi ad u-
na teoria ben sviluppata, consiste nel prendere a modello la teoria della misura di Borel, Lebesgue, e sue generalizzazioni a-
stratte. Ciò che implica:

- postulare l'*additività completa* (cioè: anche per somme *numerabili* di eventi incompatibili),

- limitare il campo di definizione della probabilità a un
certo corpo di eventi (analogo a quello degli insiemi misurabili:
l'estensione ovunque è incompatibile con l'additività completa;
Vitali, Banach, Ulam,...).

Su questa traccia è costruito il sistema d'assiomi di Kolmogoroff [41], per molto tempo pressochè universalmente seguito. Alcuni paradossi indussero, per salvare il nocciolo dell'impostazione, a rinforzare le restrizioni definendo i campi di probabilità

---

(2)
 Evento=*insieme*; Probabilità=*misura*; Numero aleatorio=*funzione*
reale (dei punti dello "spazio rappresentativo"); Speranza mate-
matica=*integrale*; e così via. Cfr.p.es. P.Halmos [31], ove il
Cap.IX è precisamente una traduzione della teoria della misura
in termini probabilistici (con applicazioni conseguenti); v.an-
che [52].

B.de Finetti

perfetti.[3]

Il punto di vista dichiarato ci porta però invece a chiedersi se tali restrizioni (e rinforzamenti di restrizioni) e le limitazioni che comportano siano realmente richiesti dal concetto
di probabilità e con esso compatibili. E la risposta sembra negativa: parrebbe ingiustificabile affermare che certi eventi non
possano esser oggetto di valutazione di probabilità, nè si vede
motivo di imporre che in una partizione numerabile la serie delle probabilità debba avere somma =1 [4].

Ma - si chiederà - a che scopo entrare in tali sottigliezze?
Hanno interesse per il nostro argomento, piuttosto pratico? Non
si tratta invece di questioni meramente accademiche, prive d'importanza dal punto di vista applicativo? A domande di questo genere si può sempre rispondere sì e no. Intanto ai nostri effetti
non occorre certamente comunque entrare nei dettagli [5]. Ma per
quanto riguarda i punti essenziali, si può certo praticamente e-
luderli in un'impostazione grossolana ma tuttavia abbastanza realistica in cui si affermi (tenuto conto delle approssimazioni raggiungibili in ogni misura) che l'insieme dei casi distinguibili
è sempre finito; è dubbio però se in tal modo si riesce a veder
chiaramente che cosa si è eluso e cosa si è in tal modo guadagna-
to o perduto. Perciò mi sembra indispensabile prospettarsi la questione, almeno in un primo momento, e vederne i legami coi punti che più ne risentono; soltanto dopo, a ragion veduta, potremo

---

(3)
    Su questo argomento si vedano il trattato di Gnedenko-Kolmo-
goroff [26], la comunicazione di Blackwell [3] e i lavori ivi citati. Per una trattazione più sviluppata v.Kallianpur [37].
(4)
    Esempio cruciale: si nega o si ammette la possibilità di con-
siderare un'infinità numerabile di "casi ugualmente probabili"?
(quindi: tutti di prob.=0, somma=0 $\neq$ 1).
(5)
    Su ciò ho parlato in due conferenze al Sem.Mat.Roma, feb.1959

B. de Finetti

esser tranquilli nell'accontentarsi di semplificazioni.

Conformemente a quanto detto, l'impostazione *completa* dovrebbe consistere nel considerare P(E) (o P(X), come al principio del paragrafo) *definita ovunque e semplicemente additiva* [6]; una impostazione *ristretta* si avrebbe partendo dalla valutazione di P in un certo ambito ed estendendola soltanto nel senso della misura di Peano-Jordan. Ma una siffatta restrizione, pur essendo di fatto più severa di quella che non intendiamo accettare, è in realtà concettualmente inesistente: essa non afferma infatti che ci si *debba* limitare a quel campo perchè al di fuori il prolungamento è vietato da un'assioma, ma che si *può*, volendo, soffermarsi sul caso semplice in cui non intervengono eventi al di fuori di quel campo [7].

Vediamo ora quali aspetti abbiano un diretto interesse per i problemi che rientrano nel tema del corso, e cioè induzione e statistica. Fra le circostanze legate a questioni dall'apparenza delicata o accademica del tipo accennato, quella che maggiormente suscita perplessità anche con riguardo ad applicazioni pratiche riguarda la nozione di probabilità subordinata. La proprietà, presentata per brevità come definizione ma meglio interpretabile come assioma, ne determina univocamente il valore quando P(E) $\neq$ 0. Ma se P(E) = 0, cosa succede di tutti i ragionamenti fondati sulle probabilità subordinate?

---

[6]
    Dico "dovrebbe", benchè a me personalmente la cosa sembri evidente, perchè tale opinione è condivisa da pochi: in modo netto forse solo da B. O. Koopman [43], [44].

[7]
    Il prolungamento di una P inizialmente data in un certo campo è sempre univoco fin dove si può procedere secondo Peano-Jordan. Pòi, esso è sempre possibile ma non univoco se non si introducono ulteriori assiomi; introducendo come assioma l'additività completa invece diventa univoco in un certo corpo, ma ne diviene impossibile l'estensione totale.

B.de Finetti

D'altronde, la restrizione $P(E) \neq 0$ può ben apparire praticamente
irrilevante da un certo punto di vista, ma se pensiamo che proprio le applicazioni statistiche sono basate sulla probabilità
subordinata ad E="il fatto osservato", o meglio (come si è avuto
cura di sottolineare) E="tutto ciò che abbiamo appreso", è quasi
più realistico pensare che in questi casi interessanti in pratica la probabilità di E sia sempre nulla! Ed è proprio questa probabilità subordinata quella che determina la decisione ottima da
prendere in ogni caso!

E' ora di confessare che avevamo eluso tale difficoltà definendo senz'altro (nel §3, form.(7)) il rapporto di verosimiglianza mediante le *densità*; e ciò, diciamolo ora, andrebbe bene se si
supponesse non di aver osservato esattamente i valori $x_1 \ldots x_n$, ma
un'imprecisabile n-pla di valori in un piccolissimo intorno di
quel punto. Possiamo ben fare l'ammissione che le due cose siano
equivalenti; bisogna però osservare che si tratta di un'ammissione vera e propria concernente la nostra valutazione di probabilità, perchè nulla vieterebbe di supporre che la probabilità
subordinata esattamente proprio a quel punto fosse arbitrariamente alterata, senza alcuna conseguenza percettibile. Me c'è di
peggio!

L'osservazione precedente potrebbe apparire imperniata sul
fatto ovvio che l'alterazione della funzione integranda in un punto (senza masse concentrate; o in un insieme di "massa" nulla)
non altera l'integrale. Invece la divergenza fra "valore puntua-
le" e "valore diffuso" (come si potrebbe dire) può anche sussistere dovunque. L'esempio più noto e classico per illustrare questo fenomeno è quello della "distribuzione di probabilità della
latitudine, subordinatamente alla longitudine". S'intende che ci

B.de Finetti

si riferisce alla distribuzione uniforme sulla sfera: un punto - potremmo dire - vi viene scelto "a caso" in modo che aree uguali abbiano la stessa probabilità di contenerlo. La distribuzione di probabilità della latitudine λ ha densità $K\cos\lambda$ (come è noto, e si vede subito), e lo stesso vale per la distribuzione subordinata a un intervallo (grande o piccolo, non importa) di valori per la longitudine a : $a_1 \leq a \leq a_2$, perchè vi corrisponde uno spicchio di circonferenza, o fuso, compreso tra due meridiani. Ma se invece pensiamo che a sia dato esattamente, $a = a_0$, abbiamo la distribuzione condizionata a un meridiano, ossia a una semicirconferenza, ed è "naturale" considerare allora la distribuzione uniforme, ossia la densità costante [8].

L'aspetto paradossale della situazione ha un significato profondamente concreto e pratico. La caratteristica fondamentale del metodo bayesiano, nello spirito del risultato di Wald, è di essere al medesimo tempo ottimo nella impostazione *preventiva* e basato sull'ottima scelta *consecutiva*; di corrispondere cioè alla massima ben naturale che "la decisione ottima è quella di regolarsi in ogni caso nel modo ottimo". Nel nostro esempio la massima appare in difetto: conviene ad es. puntare sul fatto che il punto cada a latitudine inferiore, piuttosto che superiore, a 40° (si ha $p = 1/2$ per 30°; parliamo, si badi, della latitudine in valore assoluto), ma se c'informassimo sul valore della longitudine (totalmente irrilevante finchè noto approssimativamente) e riuscis-

---

[8]

    L'esser "naturale" non prova che ciò si debba e neppure che si possa accettare. Ma è però chiaro che la densità proporzionale al coseno non può valere per tutti i semicerchi massimi (prendendo due semicerchi parzialmente sovrapposti si ha contraddizione),e che la scelta del sistema di riferimento è arbitraria (non si può vincolare l'introduzione di un sistema di coordinate geografiche al caso in cui esista un punto, da prendersi come polo, tale che per le semicirconferenze massime uscenti da esso valga la densità-coseno).

B.de Finetti

simo ad apprenderne il valore *esatto*, quale che esso fosse la conclusione s'invertirebbe (chè per la probabilità subordinata pun- -
tuale sarebbe $p = 1/2$ per 45°). In termini probabilistici, il pa-
radosso consiste nella *non-conglomerabilità* delle probabilità subordinate. Non è cioè incondizionatamente valida, come parrebbe
ovvio, la seguente *proprietà conglomerativa*, che vale senz'altro
nel caso di un numero finito di ipotesi possibili (incompatibili):
*se un evento ha probabilità subordinate = p (oppure comprese tut-
te tra p' e p") sotto ciascuna delle ipotesi possibili, anche la
sua probabilità è necessariamente = p(oppure compresa tra p' e
p")*[12].

Più precisamente, sappiamo che è (per un numero finito di H_j)
$$P(E) = \Sigma_j \ P(H_j) \cdot P(E|H_j);$$
quanto rilevato mostra che non si può dire senz'altro che tale
formula abbia a valere in genere per una qualunque partizione infinita (i cui elementi indichiamo ancora con H_j, benchè possano
costituire un'infinità non numerabile), nel senso che
$$P(E) = \int_o^1 x \ dQ(x)$$
ove $Q(x)$ indichi la probabilità della riunione di tutti gli H_j per
i quali sia $P(E|H_j) \le x$. Ragionamenti di questo tipo sono validi,
secondo i concetti qui sostenuti, soltanto se basati su partizioni finite. Non nel senso stretto di riguardare direttamente una
particolare partizione finita: potremo avere limitazioni per ec-
cesso e per difetto da successioni di partizioni finite; potremo
considerare integrali di densità purchè siano applicabili teoremi di ricoprimento finito; e via dicendo.

Un altro esempio potrà essere istruttivo perchè chiarisce come lo stesso fenomeno possa presentarsi in circostanze del tutto
diverse: con un'infinità numerabile anzichè continua di risultati

B.de Finetti

possibili. Fra molti esempi del genere, quello prescelto è uno recentemente prospettato da L.Dubins (lettera a Savage).

Sappiamo che un numero intero N è stato scelto mediante l'uno o l'altro dei due procedimenti A e B seguenti (e attribuiamo uguale probabilità 1/2 e 1/2, inizialmente, a tali due ipotesi):

A) probabilità $1/2^n$ all'estrazione di n (p.es.: n=numero dei colpi a testa e croce fino a ottenere testa per la prima volta);

B) probabilità nulla per ogni intero (distribuzione uniforme sull'infinità numerabile degli interi).

Qual'è la regola di decisione ottima supponendo che verremo a conoscere n e potremo decidere in base a tale informazione?

La probabilità di A subordinatamente a un qualunque n è sempre =1; parrebbe quindi ottima la regola consistente nel puntare sempre su A. Però, valutata all'inizio, la regola risulta cattiva, perchè fa vincere in media in metà dei casi, mentre esistono regole in cui la probabilità di vincita si avvicina all'unità quanto si vuole: se si decide di puntare su A se esce un n non maggiore di un certo k, e altrimenti su B, la probabilità d'insuccesso è $1/2^k$; conviene prendere k molto grande, ma se non ci si arresta e lo si prende infinito si ricade nella soluzione precedente che è peggiore di tutte le altre (con $k \geq 2$, finito).

Però, che il passaggio al limite possa non condurre ad un massimo (che non esiste: c'è solo un limite superiore!), è cosa ben naturale, ed anche in questioni pratiche analoghe alle nostre ma non legate a questioni delicate. Si pensi infatti a un individuo che ha diritto a una rendita vitalizia, ed al quale ogni anno si offre il diritto ad aumentare in misura più che vantaggiosa le annualità future rinunciando a quella in scadenza. Egli farà un affare tanto più buono quante più volte differirà l'inizio

B.de Finetti

della rendita, ma se lo differisce sempre fa l'affare pessimo -
chè perderà certamente tutto al sopravvenire della morte!

Quale significato si deve attribuire a tali aspetti paradossali? Costituiscono una reale difficoltà per la teoria? Giustificano dei dubbi sull'opportunità di abbracciare l'impostazione mo-
dellata sul manichino di Borel-Lebesgue? O si dovranno cercare altre alternative?

A mio modo di vedere, non direi. Tutto ciò non va oltre alle inevitabili complicazioni impreviste che s'incontrano in ogni
campo passando dal finito all'infinito, e che appaiono paradossali finchè non sopraggiunge l'assuefazione. L'ultimo esempio, del
tutto fuori tema, della rendita vitalizia, aveva proprio lo scopo di sdrammatizzare l'impressione che potevano dare gli altri.

Tuttavia, l'assuefazione non è un processo passivo, dipendente soltanto dal fluire del tempo e dal rinnovarsi del gruppo delle persone interessate. Occorreranno probabilmente discussioni
approfondite che conducano a chiarimenti soddisfacenti.

Per quanto riguarda la principale difficoltà denunciata, relativa alla non-conglomerabilità, giova rilevare che essa ha certo una reale radice nel fatto che una probabilità subordinata è
effettivamente sensibile a variazioni nell'ipotesi, e quindi in
certo senso facile ad essere indeterminata. Basta aggiungere al-
l'informazione considerata una piccola notizia ulteriore perchè
l'opinione possa risultare modificata anche radicalmente. (9)

____
(9)
    Supponiamo di apprendere che nell'ultimo anno, nel comune X,
il numero dei morti è stato 8,37 volte il numero atteso (somma
delle probabilità di morte dei singoli abitanti). Gli abitanti sono 100.000 residenti più il sig.N.N. non residente, nostro amico,
di cui non abbiamo notizie (ma neppure prevedevamo di doverne a-
vere, nè se vive nè in caso di morte). Quale influenza deve avere
sul nostro timore che N.N. sia morto quell'informazione? Supponiamo di poter apprendere se essa si riferisce ai 100.000 residenti

./.

B.de Finetti

Ciò da occasione di illustrare una tesi che per varie ragioni analoghe mi sembra valida e importante: l'inopportunità e inadeguatezza (almeno come strumento sistematico d'impostazione) del sistema di rappresentare gli eventi come insiemi di "punti". Questi eventi o casi "elementari" detti "punti" vengono ad avere una posizione privilegiata che falsa la visione dei problemi. Sembra che conoscere il *punto* costituisca una conoscenza *completa*, mentre resta sempre qualcosa (e anzi tutto senza il piccolo qualcosa appreso) da precisare. D'accordo, nell'impostazione tipo insiemi si può sempre ampliare il quadro mediante ricorso agli spazi-prodotto, ma ciò non corregge in modo immediato e spontaneo l'impressione primitiva.

Le ragioni addotte per questo caso possono servire come modello indicativo per spiegare un aspetto generale del mio atteggiamento in questioni del genere: la diffidenza verso ciò che è "troppo bello matematicamente per riuscire convincente nell'interpretazione probabilistica". Esempio tipico: l'introduzione di una densità o rapporto di densità, nell'analisi precedente, è stata mantenuta nella linea del "limite di un rapporto incrementale". E' ben noto che ciò dà luogo a difficoltà, e perciò, trovando ta-

---

o ai 100.001 abitanti, notizia che può sembrare irrilevante pensando che l'affermazione rimane vera in entrambi i casi, perchè il fatto di includere un'unità in più (sia vivo o morto) non altera il rapporto 8,37. Eppure, nel secondo caso il sig.N.N. fa parte della collettività per cui in media dobbiamo moltiplicare per 8,37 le probabilità iniziali, mentre nel primo no. Naturalmente potremo in entrambi i casi pensare quel che ci sembrerà; ma nel secondo il timore sarà accresciuto salvo motivi in contrario per escludere il sig.N.N. dalle presunte cause dell'alta mortalità; nel primo invece nessuna alterazione avviene se attribuisco l'alta mortalità a scarto accidentale, e potrò avere un timore accresciuto solo per un'eventuale influenza indiretta, ossia per un'eventuale correlazione positiva nella mia valutazione soggettiva della probabilità di morte di N.N. e degli altri abitanti dello stesso comune.

B.de Finetti

le concetto "rather shaky" (come dice Halmos, [31],p.208), le teorie moderne preferiscono evitarlo mediante espedienti eleganti (teorema di Radon-Nikodym). Ma ciò costituirebbe un vero progresso, a mio modo di vedere, se le difficoltà, di cui le definizioni elementari consentono di analizzare le ragioni, venissero in tal modo messe in evidenza anche maggiore per essere più potentemente sviscerate e discusse; evitarle e nasconderle è un regresso.

Per concludere il presente cenno sulle questioni matematiche aperte, o comunque meritevoli di studio per necessari chiarimenti, ne sfiorerò altre due con brevi commenti.

La prima riguarda il diniego espresso (al principio del presente paragrafo) contro l'esclusione di certi eventi in quanto "non probabilizzabili" (in senso analogo a insiemi "non misurabili": per ragioni matematiche della funzione $P(E)$). E' tuttavia concepibile l'utilità di limitarsi, specie in una trattazione elementare, a casi semplici, ed anche ragioni teoriche potrebbero indurre a restringere il campo degli "eventi" rispetto alla totale libertà lasciata dalla logica delle proposizioni.

Diciamo perciò che vi sono diversi punti di vista che potrebbero legittimamente condurre a restrizioni del genere, in quanto le baserebbero non su comodità per la funzione probabilità ancor da introdurre, ma su motivi logici pregiudiziali. Nella stessa definizione di evento abbiamo detto che deve trattarsi di un fatto definito *verificabile*; precisando tale termine possono aversi varianti e ciascuna dare delle restrizioni. Può darsi che più eventi, ciascuno verificabile, non siano verificabili simultaneamente : ciò condurrebbe a complicazioni tipo teorie quanti-

B.de Finetti

stiche $^{(10)}$. Oppure n eventi verificabili lo sono anche simultaneamente se n è finito, ma non necessariamente se n è infinito; ad es. se "verificabile" s'interpreta "verificabile entro un tempo finito", un'infinità di eventi è simultaneamente verificabile o no a seconda che per essi il tempo di verificabilità è uniformemente finito (è limitato) oppure no. Oppure restrizioni alla "verificabilità" si possono far derivare dall'imprecisione delle misure: se una misura di lunghezza comporta essenzialmente un errore che può variare tra $\pm \epsilon$, l'appartenenza della grandezza misurata a un insieme lineare I può risultare accertata o esclusa o dubbia a seconda che il valore misurato è interno o esterno o appartenente alla "frontiera di I di spessore ϵ" (come diremo brevemente per intenderci). Un insieme I ovunque denso come il suo complementare, ad es. quello dei razionali, dà luogo a un evento assolutamente non verificabile (per quanto piccolo possa essere ϵ). E via di seguito.

La seconda questione riguarda l'impostazione basata sull'additività semplice. Si tratta di dire se ci sarebbe utilità a svi-

---

(10)
    Ritengo tuttavia improprio considerare casi del genere come specifici delle teorie quantistiche o, peggio, come sintomi di caratteristiche paradossali proprie al modo di ragionare da esse richiesto. Possiamo collaudare un dato oggetto provando a quale temperatura scoppia oppure sotto quale pressione si schiaccia oppure dopo quanto tempo si logora in data misura con l'uso normale, ma evidentemente non possiamo eseguire più di una di tali prove. Se esprimiamo tale situazione dicendo che ha senso chiedere se l'oggetto è refrattario o robusto o durevole, ma non chiedere due o tre di queste cose insieme, l'uso del linguaggio fa apparire la cosa più o meno paradossale. In questo senso, riguardando concetti che farebbero sembrare ancor più "naturale" attendere la possibilità di ogni domanda composta, i casi tipici delle teorie quantistiche appaiono paradossali pur non comportando di per sè alcunchè di sostanzialmente diverso dal primo esempio.
    Notare che esempi analoghi hanno altra volta dato luogo a curiosi equivoci (e a superflue complicazioni per superarli): cfr. la probabilità di un tennista di vincere uno o l'altro di due tornei (che si svolgono simultaneamente in due località diverse), in-

./.

B.de Finetti

luppare sistematicamente una trattazione secondo tale punto di vi -
sta, e indicare quali innovazioni sarebbero da attendersi.

Le modificazioni, per quanto risulterebbe dai casi di cui
mi sono occupato, sarebbero di tre tipi:

- talvolta è utile conservare i risultati dell'impostazione
basata sull'additività completa, ponendo l'additività completa in
un certo campo come una condizione particolare (così come si può
sempre esporre un teorema per le funzioni continue senza pensare
che tutte le funzioni debbano essere continue);

- nella gran parte dei casi basta enunciare dei risultati come proprietà asintotiche anzichè come qualcosa di applicabile al
limite (e lo vedremo nel §7 con riferimento alla legge dei grandi numeri per eventi scambiabili; per la "legge forte" cfr. [20];
p.38).

- in genere, allargare l'impostazione per includere casi ove
non vale l'additività completa (come per l'es.di Dubins).

Di una trattazione sistematica, confesso che non vedevo la
reale necessità, considerando sufficienti i concetti su elencati
per ricondursi dalla teoria predominante a quest'altra. Però le
conversazioni avute nel corso di quest'anno col collega Savage
mi han convinto che il problema dovrà essere affrontato, per non
lasciare adito a troppe incertezze e diffidenze.

---

tesa come "probabilità di vincere supposto vi partecipi" e con-
fusa con la probabilità dei due eventi incompatibili, in [55],
p.41 ed.ingl.

B.de Finetti

RICOSTRUZIONE DELL'IMPOSTAZIONE CLASSICA

SECONDO IL PUNTO DI VISTA SOGGETTIVO

§7. IL CASO DI "SCAMBIABILITA'"

Ci rimane ora da analizzare, sotto l'aspetto anche tecnico, il meccanismo di adeguamento delle opinioni in base ai risultati osservati. Come abbiamo detto, tale processo, di "ammaestramento in base all'esperienza" (learning from Experience), si riassume nel teorema di Bayes. Abbiamo anche detto, però, che la formulazione originale di certe impostazioni, come quella che risale proprio allo stesso Bayes e a Laplace, appare inficiata dal fatto che vi si parla di misteriose "probabilità incognite", e ogni discorso confezionato con entità metafisiche è ovviamente privo di senso. Non è escluso però che vi si celi sotto un concetto valido, e sia infelice soltanto il linguaggio in cui è stato espresso (o meglio nascosto): e vedremo proprio che è così.

Gioverà anche osservare subito, pur senza anticipare commenti che dovremo sviluppare a conclusione del nostro esame, che la stessa dizione di "apprendere dall'esperienza" è suscettibile di fuorviare e di confondere le idee. Per renderle ben chiare basta riflettere bene su quello che è e quel che non è il ruolo dell'esperienza nel teorema di Bayes [1].

Come "utilizziamo" l'esperienza consistente nell'*aver appreso* A per valutare la probabilità *da attribuire ora* ad E? Semplicemente, $P(E/A)$ e $P(\bar{E}/A)$ sono proporzionali a $P(AE)$ e $P(A\bar{E})$: il confronto fra la probabilità finale, attuale, che E si verifichi o

---

[1] Si tratterà in fondo del medesimo concetto brevemente indicato nella frase di Keynes riportata nel §5 (cfr.nota [1])

B.de Finetti

no, altro non è che il confronto fra le probabilità che avremmo
attribuito prima di conoscere A ai due casi "A accompagnato da E"
e "A accompagnato da non-E". Per tale valutazione l'esperienza
non dà nulla: il ruolo dell'esperienza consistente nell'aver osservato A consiste solo nel dire che possiamo ormai limitare a
questi due casi il confronto che avremmo potuto allo stesso modo
fare prima ma considerando anche tutti gli altri casi ormai esclu-
si per il fatto di aver appreso A.

Se ad es. voglio valutare la probabilità che il sig.Tizio
colpisca il bersaglio alla 7^a prova dopo appreso che nelle sei
precedenti i successi (S) e i colpi falliti (F)$^{(2)}$ si sono suc-
ceduti nell'ordine FFFSFS, non ho che da confrontare le probabilità che avrei attribuito inizialmente ai due casi FFFSFSS e
FFFSFSF; l'esperienza non c'entra che per risparmiarmi la fatica
di pensare anche agli altri $2^7 - 2 = 126$ casi che, prima di apprendere l'esito delle prime sei prove, erano anch'essi possibili.

Questo tipo d'impostazione è il più generale possibile, ed
è tuttavia completamente realistico: vi si parla soltanto di probabilità concrete, ossia delle probabilità (effettivamente valu-
tate da qualcuno) di fatti praticamente osservabili (risultati di
un certo numero praticamente interessante di colpi). Sarà ancora
un atteggiamento abbastanza realistico estendere tali considerazioni a un numero di colpi praticamente irraggiungibile benchè
finito; sarà un'astrazione a base tuttavia realistica l'estensione a una successione illimitata (pervenendo a considerazioni asintotiche, valide per un numero finito n di prove, per $n \to \infty$); con-

____

(2)   Termini scelti anche coll'intento di conservare le lettere a-
bituali in inglese : S = Successi, F = Failure; cfr. p.es. [11].

B.de Finetti

siderare affermazioni riguardanti una effettiva infinità di p -
ve è a mio avviso un espediente che si può e conviene evitare
(salvo per disquisizioni accademiche su problemi volutamente so-
fisticati).

Rimane a vedere se e in qual modo è possibile tradurre in
questo schema d'impostazione i casi tradizionalmente presentati
come "fenomeni a prove indipendenti con probabilità costante ma
incognita" (nel linguaggio di Bayes-Laplace; cfr.§2).

Evidentemente, si tratta di un caso particolare di quello
or ora prospettato (parlando di tiro al bersaglio) senza restrizione alcuna. Infatti nessun tipo di opinione erà stata esolusa:
chiunque era autorizzato a pensare ad es. che dall'osservazione
dell'andamento FFFSFS nei sei colpi già avvenuti [3] si potesse
trarre la convinzione di un incipiente miglioramento destinato
ad accentuarsi sempre più, oppure fino a un certo punto per dar
luogo poi a un peggioramento causa la stanchezza, o che i colpi di
posto dispari saranno quasi sempre falliti mentre i pari daranno
una buona proporzione di successi, o qualunque altra cosa Nessuna delle opinioni citate quali esempi risponde al concetto delle coseddette "prove indipendenti a probabilità costante ma incognita", perchè chi usa tale frase pensa sempre di escludere o-
gni idea di possibili miglioramenti o peggioramenti o alternanze
o altre particolarità concernenti l'ordine. Si tratterà quindi,
quanto meno, di limitarci al caso di *scambiabilità*, ossia di simmetria per rispetto all'ordine (come preciseremo)[4].

____

[3]
. Conviene naturalmente immaginare che i colpi osservati siano
più numerosi dei sei cui ci limitiamo per render possibile un'e-
semplificazione esplicita.
[4]
La denominazione di eventi *scambiabili* (échangéables, exchan-

./.

B.de Finetti

D'altra parte, esiste un caso tipico in cui il concetto del‐
la "probabilità incognita" è pressochè accettabile: quello indi‐
cato nel §5, in cui esistono delle ipotesi oggettive H_r subordi‐
natamente a ciascuna delle quali tutti gli eventi considerati han‐
no una stessa probabilità p_r e sono indipendenti. Cioè, abbiamo
uno schema che, subordinatamente a ciascuna delle ipotesi, sareb‐
be bernoulliano, o uno "schema di prove ripetute" (secondo la ter‐
minologia abituale, che talvolta impiegheremo per comodità).

L'esempio usuale (e già citato) è quello delle estrazioni da
un'urna di composizione incognita. Sono pertanto possibili parec‐
chie ipotesi H_r (per ora si supponga in numero finito) circa la
composizione dell'urna: H_r significherà che la percentuale delle
palle bianche nell'urna è $= a_r$; subordinatamente ad H_r la probabi‐
lità di estrazione di palla bianca ad ogni colpo è $p_r = a_r$ e si
ha indipendenza. Sembra allora una semplificazione di linguaggio
innocua dire che è incognita la probabilità p_r anzichè la compo‐
sizione a_r subordinatamente alla quale prendiamo $p_r = a_r$ (e parla‐
re di indipendenza, mentre l'indipendenza subordinata ad ogni i‐
potesi non implica indipendenza); ed è invece da fuggire come re‐
sponsabile di tutte le confusioni di concetti e di tutte le per‐
plessità d'applicazione. Comunque in tale caso, la distribuzione
di probabilità nel campo di tutti gli eventi E esprimibili me‐
diante quelli della successione considerata, si ottiene come *mi‐
stura* (ossia: combinazione lineare a coefficienti non negativi
di somma $= 1$) delle distribuzioni che si avrebbero giudicando in‐

geable), suggerita da Fréchet [25], appare preferibile (essendo
l'unica che sembra non prestarsi ad equivoci) a quella origina‐
riamente proposta di eventi equivalenti (de Finetti [13], e se‐
guita da Khintchine [40] etc.) e a quella di eventi simmetrici
usata da Hewitt e Savage [33].

B. de Finetti

dipendenti e di probabilità costante p_r gli eventi della successione :

$$(11) \qquad P(E) = \Sigma_r a_r P_r(E) \qquad , \qquad P_r(E) = P(E/H_r).$$

Tutte le conseguenze matematiche della validità della precedente interpretazione (esistenza di ipotesi oggettive subordinatamente alle quali il fenomeno si considera bernoulliano) sono in effetti conseguenze del fatto che la distribuzione di probabilità sia *una mistura di distribuzioni bernoulliane*. L'interpretazione non è che un'aggiunta esteriore. Potremo quindi concludere che l'impostazione usuale è sempre valida se ci troviamo nel caso di una mistura di distribuzioni bernoulliane, nel senso sopra scritto nel caso di mistura finita, o in senso ottenibile da esso mediante passaggio al limite per riferirsi al caso più generale.

Ci si sono presentate così come spontanee due proprietà, che potremmo qualificare la prima necessaria e la seconda sufficiente per ritenere applicabile il concetto (se un concetto dotato di senso esiste) adombrato dalla infelice allusione a "probabilità incognite".

Ma risulta, fortunatamente, che le due proprietà sono equivalenti: *basta la scambiabilità* (per una successione potenzialmente infinita $^{(5)}$) per assicurare che la distribuzione è *una mistura di schemi bernoulliani*. Di più, anche l'interpretazione si può approssimare con qualcosa di significativo. Se consideriamo la

---

(5)

    Tale precisazione è necessaria per escludere casi come quello dell'estrazione senza reimbussolamento da un'urna di composizione nota. Le n estrazioni (n = N°palline) sono scambiabili, ma non si può prolungare la successione (nè indefinitamente, e neppure aggiungendo un solo altro evento) conservando la scambiabilità. Quanto alle condizioni perchè n eventi scambiabili possano inserirsi in una successione infinita id.id., cfr.[13], §37, p.125.

B.de Finetti

distribuzione di probabilità su un gran numero N di prove, essa approssima quella che nell'antico linguaggio si sarebbe detta la distribuzione di probabilità della "probabilità incognita", e, subordinatamente a dati valori delle frequenze su N prove, la distribuzione di probabilità è praticamente bernoulliana. E' infatti - esattamente - *ipergeometrica* (cioè: quella delle estrazioni senza reimbussolamento), ma, per N grande, è noto che la differenza fra i casi di reimbussolamento e no tende a scomparire.

Anzichè illustrare tali concetti sul caso elementare e ripetutamente trattato degli eventi $^{(6)}$, potremo, senza incontrare, difficoltà sostanzialmente maggiori, considerare subito lo stesso problema nel caso di enti aleatori X_h con un numero finito di risultati possibili. Ad es.: lanci di un dado (con 6 risultati possibili), roulette (con 37), somma punti con tre dadi (con 16), estrazioni del lotto (con 90!/85!: cinquine ordinate), etc. Da tale caso potremo poi più agevolmente passare (nel §9) a delle generalizzazioni.

Indichiamo con $A_1, A_2, \ldots, A_i, \ldots, A_q$ i risultati possibili cioè i punti dello spazio S in cui consideriamo gli elementi aleatori X_h (e sarebbe per ora indifferente identificare addirittura i q risultati A_i coi numeri $i = 1, 2, \ldots, q$). Supporre gli X_h scambiabili significa attribuire la stessa probabilità ad un'affermazione riguardante un certo numero di X_h, comunque tali elementi si scelgano e si permutino tra loro. Nel caso considerato, ciò - significa che, presi comunque gli interi nonnegativi $r_1, r_2, \ldots,$ $r_i, \ldots, r_q$, la probabilità che su $n = r_1 + \ldots + r_q$ prove si abbia in r_1 prefissate il risultato A_1, in r_2 prefissate A_2, etc., è sempre la stessa quali che siano tali prove. Indichiamo tali proba-

---

(6)
    Basti vedere i brevi cenni in [20]; oppure [13], [14], etc.

B.de Finetti

bilità con

$$(12) \qquad \frac{1}{n!} r_1! r_2! \ldots r_q! \; \omega^{(n)}_{r_1 r_2 \ldots r_q} \qquad .$$

(L'indicazione (n) come indice in alto ad ω è superflua quando sono scritte tutte le r_i, ma può riuscir comoda per veder subito qual'è il numero totale di prove implicato e per indicare genericamente con $\omega^{(n)}$ il sistema di tutte le ω di tale indice). Come risulta chiaro senz'altro, il fattore ω da solo rappresenta la probabilità che, su n prove, i risultati $A_1 A_2 \ldots A_q$ appaiano r_1 volte, r_2 volte,..., r_q volte, senza prestabilire in quali. Dividendolo per il numero delle permutazioni significative, come fatto nella (12), si ottiene la probabilità di un risultato prestabilito.

Le $\omega^{(n)}$ definiscono la distribuzione di probabilità delle frequenze su n prove, distribuzione che conviene pensare concretata nella rappresentazione seguente. Indichiamo con D_S lo spazio delle distribuzioni sullo spazio S. Nel caso semplice considerato, dove S è formato da un numero finito di punti $A_i (i = 1, 2,\ldots,q)$, le distribuzioni D_S sono le misture degli A_i con "pesi" ξ_i, ossia

$$(13) \qquad A_\xi = \Sigma_i \xi_i A_i$$

(indicando sinteticamente con ξ la q-pla, o vettore, $\xi_1 \ldots \xi_q$, formata di valori nonnegativi e di somma $= 1$). Geometricamente : D_S è il simplesso i cui vertici si prendono a rappresentare i risultati A_i; cfr., per $q = 3$, la fig.4 (il simplesso è un triangolo; per comodità interpretativa lo si può supporre equilatero); analogamente sarebbe un tetraedro per $q = 4$; etc.

La distribuzione di probabilità delle frequenze su n prove si ha collocando le masse $\omega^{(n)}_{r_1 \ldots r_q}$ nei punti di D_S di coordina-

B.de Finetti

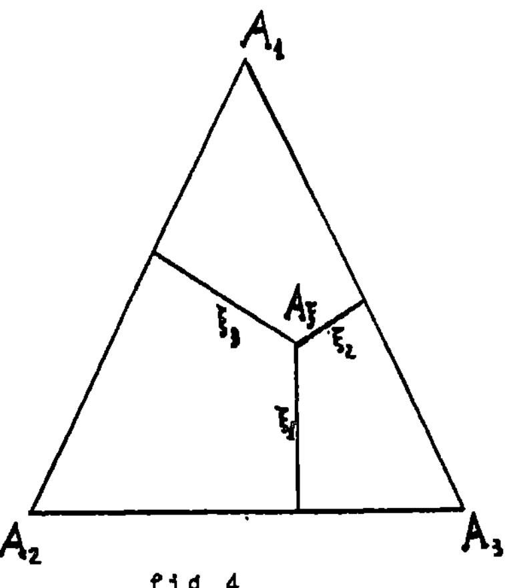

fig.4

te $\xi_1 = r_1/n$. Si ottiene così una distribuzione su D_s; e indicheremo con DD_s lo spazio di tali distribuzioni analogamente definito.

Fra le distribuzioni $\omega^{(n)}$ possibili, rileviamo alcuni casi
fondamentali, che ci serviranno per giungere alla conclusione an-
nunciata, nonchè subito per dare qualche esemplificazione concreta delle precedenti considerazioni alquanto astratte.

Il caso *bernoulliano* (o *multinomiale*, come a volte si dice
per distinguerlo dal caso binomiale, cioè bernoulliano con $q = 2$),
si ha quando le prove si considerano indipendenti con probabilità costanti $\xi_1 \ldots \xi_q$ di ottenere in ciascuna di esse i diversi risultati possibili $A_1 \ldots A_q$. Allora la distribuzione, che indicheremo con $B^{(n)}(\xi)$, è caratterizzata da

$$(14) \qquad \omega^{(n)}_{r_1 \ldots r_q} = \frac{n!}{r_1! r_1! \ldots r_q!} \, \xi_1^{r_1} \xi_2^{r_2} \ldots \xi_q^{r_q} \; .$$

Il caso *ipergeometrico* si ha quando si considerano n prove
scelte simmetricamente (cioè: in modo che ciascuna delle $\binom{N}{n}$ n-ple
venga ad avere la medesima probabilità) fra N di cui si sa che R_1,
$R_2, \ldots, R_q$ danno il risultato $A_1, A_2, \ldots, A_q$. E' il caso di estrazioni senza reimbussolamento da un'urna con N palle di q colori nel-

B.de Finetti

le proporzioni dette. La distribuzione, ohe indicheremo $Y_N^{(n)}(\xi)$ intendendo le ξ_i date da $\xi_i = R_i/N$, è caratterizzata da

$$(15) \qquad \omega^{(n)}_{r_1 \cdots r_q} = \frac{n!}{r_1! \, r_2! \cdots r_q!} \cdot \frac{(N-n)!}{N!} \cdot \Pi_i \, \frac{R_i!}{(R_i - r_i)!}$$

Si noti che la (15) differisce dalla (14) per il fattore

$$\frac{\left(1-\frac{1}{N}\right).\left(1-\frac{2}{N}\right).\ \ldots\ .\left(1-\frac{n}{N}\right)}{\left\{\left(1-\frac{1}{R_1}\right)\left(1-\frac{2}{R_1}\right)\ldots\left(1-\frac{r_1-1}{R_1}\right)\right\}\left\{\ \cdots\ \right\}\left\{\ \cdots\ \right\}\ \ldots\ \left\{\left(1-\frac{1}{R_q}\right)\left(1-\frac{2}{R_q}\right)\ldots\left(1-\frac{r_q-1}{R_q}\right)\right\}}$$

fattore ohe tende ad 1 al divergere di N (tenendo fissi i ξ_i).

Osserviamo ora che, nel caso di scambiabilità, vale sempre la relazione che possiamo indicare simbolicamente :

$$(16) \qquad \omega^{(n)} = \omega^{(N)} \cdot Y_N^{(n)} \quad,$$

e ohe significa: la distribuzione per n prove, quando sia nota quella relativa a un numero $N > n$ di prove, se ne deduce applicando la distribuzione ipergeometrica subordinatamente ad ogni composizione di risultati su N prove. In parole povere: è indifferente pensare di scegliere direttamente n eventi, oppure di sceglierne N e poi sorteggiarne n.

Pertanto, la distribuzione $\omega^{(n)}$ risulta sempre una mistura di distribuzioni ipergeometriche di esponente N comunque elevato, e quindi, al limite, di distribuzioni bernoulliane; d'altro canto è facile vedere ohe la distribuzione $\omega^{(N)}$, al crescere di N , tende a una distribuzione-limite $\omega^{(\infty)}$[7], cosicchè la relazione

---

(7)

La dimostrazione è sostanzialmente identica, anche per q > 2, a quella indicata in [20], p.49, in particolare formula (38). Siano Y_N ed Y_M i punti rappresentativi della frequenza su N(ed)M prove determinate (non importa se disgiunte o in parte comuni ai due gruppi). Il quadrato della distanza tra Y_N e Y_M, inteso come somma dei quadrati delle differenze delle coordinate baricentriche, ha valor medio tendente a zero al crescere di N ed M (esattamente come per q = 2). Quindi le due distribuzioni $\omega^{(N)}$ ed $\omega^{(M)}$, per N e M grandi, non possono differire che di poco, e deve esistere una distribuzione-limite, la $\omega^{(\infty)}$, nel senso che per quasi ogni regione definita da disuguaglianze nelle coordinate la massa di $\omega^{(N)}$ tenda a quella di $\omega^{(\infty)}$.

B.de Finetti

precedente diviene

$$(17) \qquad \omega^{(n)} = \omega^{(\infty)} \cdot B^{(n)} \ ,$$

ossia l'espressione della nostra tesi. Abbiamo una mistura di distribuzioni bernoulliane, e la distribuzione dei pesi è la $\omega^{(\infty)}$.

In definitiva, quindi, tutto va *come se* la distribuzione-limite si potesse interpretare nel linguaggio usuale come la distribuzione della probabilità incognita (subordinatamente al valore della quale le prove sarebbero indipendenti). In linguaggio intermedio, si potrebbe pensar di dire che la distribuzione-limite è la distribuzione della frequenza-limite (basandosi sull'interpretazione della legge forte dei grandi numeri basata sulla completa additività). Ma è possibile, come s'è visto, ed a mio avviso di gran lunga preferibile, attenersi all'interpretazione solida e ineccepibile in cui la distribuzione-limite è semplicemente l'espressione asintotica relativa alle frequenze su un numero grande, ma finito, di prove. La conclusione, detta alla buona, è che, per un gran numero N di prove, la distribuzione di probabilità delle frequenze è praticamente $\omega^{(\infty)}$, e che (se N è molto maggiore del numero di prove di cui c'interessiamo) è praticamente lecito supporre l'indipendenza rispetto ad ogni frequenza.

Ed ecco allora subito la conclusione relativa al nostro argomento, del ragionamento induttivo. Rimane soltanto da osservare che le verosimiglianze (Likelihoods) proporzionalmente alle quali si alterano le probabilità della distribuzione $\omega^{(N)}$, dopo conosciuto l'esito di n prove di cui $r_1 \ldots r_q$ con risultato $A_1 \ldots \ldots A_q$, sono date esattamente dalla distribuzione ipergeometrica e asintoticamente da $\xi_1^{r_1} \cdot \xi_2^{r_2} \cdot \ldots \cdot \xi_q^{r_q}$; perciò $\omega^{(\infty)}$ viene modificata proporzionalmente a tale funzione.

L'andamento di questa funzione, come è noto e come è facile

B.de Finetti

constatare, è tale da esaltare la distribuzione in prossimità del punto C corrispondente alle frequenze osservate (cioè: di coordinate baricentriche $\rho_i = r_i/n$).Infatti in tale punto la funzione ha un massimo, molto aguzzo per n grande, mentre all'infuori delle vicinanze di C essa è praticamente nulla.

Meglio ancora ciò diviene afferrabile sostituendo alla funzione un'espressione asintotica, valida per n grande, data dalla stessa funzione che rappresenta la densità della distribuzione normale a q-1 dimensioni, col centro nel punto C, e di esponente

$$(18) \qquad -\frac{1}{2}n \; \Sigma_i \frac{(\xi_i - \rho_i)^2}{\rho_i}$$

Geometricamente, ciò significa che le rette congiungenti un vertice A_i attraverso C al punto B_i sulla faccia opposta del simplesso, sono tagliate dagli ellissoidi di livello di (18) a distanze da C proporzionali alla media geometrica tra $\overline{CA}_i$ e $\overline{CB}_i$ [8]. Nell'ipotesi abituale di distribuzione $\omega^{(\infty)}$ *diffusa* in prossimità di C [9], la distribuzione finale è poi proprio quella normale che ha per densità la funzione indicata. In particolare si noti ancora l'addensamento intorno a C al crescere di n (le dimensioni lineari della distribuzione si riducono come $1/\sqrt{n}$).

Delle possibilità di estensione dell'impostazione basata sulla scambiabilità a casi meno elementari diremo qualcosa nel §9; vediamo prima, con riferimento al medesimo livello elementare, come si possa estendere - o meglio attenuare - la condizione di scambiabilità in modo da includere lo studio di casi meno addomesticati.

----

[8]
    Basta sviluppare il logaritmo fino ai termini di 2°grado come in [20], pp.69-70 .

[9]
    Cfr. il corso di Savage, §5.

B.de Finetti

§8. IL CASO DI "SCAMBIABILITA' PARZIALE"

Il caso di scambiabilità, oggetto del paragrafo precedente, fornisce, come si è detto, il modello più semplice e quindi più chiaro per studiare il ragionamento induttivo. Ma, di fronte alle esigenze pratiche, questa semplicità è tale da portare a considerare il caso di scambiabilità non certo come il caso normale ma piuttosto come un caso limite, più semplicistico che semplice. Non è questa tuttavia una critica demolitrice: tutti i casi matematicamente belli, nella probabilità come altrove, sono prime idealizzazioni semplicistiche (dagli eventi indipendenti alle distribuzioni esprimibili con formule analitiche, dalla nozione di corpo rigido a quella di sistema isolato). Niente di male quindi cominciare da un'impostazione semplicistica; tutt'altro. Importante è solo non arrestarsi: non considerare la semplicità come un segno di perfezione di cui compiacersi, ma come una caratteristica utile per sfruttarla in un primo gradino.

Per avvicinarsi al tipo di riflessioni che mi sembra realmente poter caratterizzare il ragionamento induttivo quale si presenta in condizioni pratiche, dovremo allargare lo schema considerando la "scambiabilità parziale". Ma lo faremo gradualmente, considerando cioè via via delle circostanze di un certo tipo, perchè passare direttamente alla massima generalità significherebbe rinunciare alla possibilità di approfondire i vari aspetti della questione che possono meritare interesse.

Partiamo perciò dall'ammettere ancora, come prima approssimazione, il caso di scambiabilità. Salvo vedere in seguito cosa ciò possa significare matematicamente, ammettiamo cioè che "a meno di circostanze inattese che ci inducano a mutare atteggiamento" utilizzeremo sempre in modo simmetrico i risultati dell'os-

B.de Finetti

servazione e li applicheremo in modo simmetrico a tutte le prove future. Ma cosa può significare tale riserva "a meno di..."? Molte cose.

Può significare che, se noteremo una sensibile differenza fra i risultati delle prove subordinatamente a diverse circostanze, potremo finire per attribuire probabilità diverse in dipendenza di tali circostanze. Ad es., in un qualunque esperimento in campo medico, su pazienti o su cavie, si potrà inizialmente ritenere presumibile che sull'effetto di un trattamento non abbiano influenza circostanze differenziali fra individui della stessa specie. Tale presunzione coinciderebbe coll'ipotesi della scambiabilità se fosse assoluta; siamo invece soltanto vicini a tale schema se invece ammettiamo che per certe circostanze (ad es. SI' per sesso, o peso, o gruppo sanguigno, o esecuzione di un intervento di giorno o di notte, e NO per colore degli occhi, o ordine di generazione, o condizioni atmosferiche nel giorno dell'intervento; etc.) finiremmo per abbandonarla quando un'eventuale divergenza fra le frequenze raggiungesse un certo livello che ci apparisse significativo.

Altri casi di scostamento sono concepibili se l'ordine delle prove ha un significato essenziale(come: successione di tiri al bersaglio di uno stesso individuo, o fatti - come numero di telefonate o lettere o sigarette per un individuo o collettività - riguardanti giorni successivi, o risultati di successive esperienze con una stessa macchina, etc.). Allora potranno prospettarsi dubbi d'influenze del numero d'ordine (ad es. probabilità diverse per prove di numero d'ordine pari o dispari - caso del tennis per l'alternarsi della battuta coi giochi! -, o a seconda del resto per 7 - caso dei giorni della settimana! -, o variabile colla

B.de Finetti

grandezza del numéro d'ordine - stanchezza o simili spiegazioni! -,
etc.etc.). Oppure un altro tipo di influenza: quello dal risultato della prova immediatamente precedente, o di alcune, nel senso
delle catene di Markoff: si potrà ad es.pensare che si finirebbe
per accettare l'idea che lanciando un dado la probabilità della
stessa faccia del colpo precedente o di quella opposta sono diverse dalle altre (e così per quasi tutti gli esempi predetti, in
particolare per tutti i casi in cui si vede una possibilità di
pensare a mutevoli condizioni di "forma" di un giocatoré, o simili spiegazioni).

Salvo per qualche dettaglio, l'impostazione matematica non
differisce per i diversi casi elencati (e neppure si allontana
molto da quella del caso di scambiabilità). Sostanzialmente, se
ci si limita a una schematizzazione con un numero finito di circostanze differenziali considerate ammissibili, diciamolo g, si
tratterà di dover tener conto dei risultati osservati non solo
globalmente ma separatamente per ciascuno dei g gruppi, allo scó-
po di ottenere valutazioni finali di probabilità differenziate
corrispondentemente.

Dovremo cioè considerare, non soltanto di aver osservato n
prove in cui i risultati $A_1 \ldots A_q$ si sono presentati $r_1 \ldots r_q$ volte, ma $n = n_1 + n_2 + \ldots + n_g$ prove dei diversi tipi, nelle quali i risultati $A_1 \ldots A_q$ si sono presentati $r_{1j} \ldots r_{qj}$ volte nel gruppo j-
esimo $(j = 1, 2, \ldots, g)$. Naturalmente,

$$\sum_j r_{ij} = r_i \quad , \quad \sum_i r_{ij} = n_j \ .$$

E così, invece di una distribuzione $\omega^{(n)}$, dovremo considerare una distribuzione $\omega^{(n_1, n_2, \ldots, n_g)}$, definita non sullo spazio
D_S delle distribuzioni ξ su S , ma sullo spazio prodotto $(D_S)^g$
delle g-ple $[\xi^{(1)}, \xi^{(2)}, \ldots, \xi^{(g)}]$, ossia in definitiva delle matri-

B.de Finetti

oi ξ_{ij} $(i = 1,2,\ldots,q;\ j = 1,2,\ldots,g)$. La $\omega^{(n_1\ldots n_q)}$ sarà per-

tanto una distribuzione ohe attribuirà certe masse

(19) $\omega^{(n_1,n_2,\ldots,n_g)}[r_{11},r_{21},\ldots,r_{q1};\ldots;\ r_{1g},r_{2g},\ldots,r_{qg})$

ai punti $(D_S)^g$ di ooordinate $\xi_{ij} = r_{ij}/n_j$. E al limite avremo $\omega^{(\infty,\infty,\ldots,\infty)}$ sempre definito in $(D_S)^g$.

Il oaso oui abbiamo fatto riferimento per attirare gradualmente l'attenzione su oiroostanze ohe fanno scostare pooo dallo
sohema semplioe della soambiabilità, si può ora interpretare geo-
metrioamente in termini di tale distribuzione-limite. Essa è infatti in tal oaso molto addensata intorno alla diagonale dello
spazio-prodotto $(D_S)^g$ (luogo dei punti su oui le $\xi^{(j)}$ sono uguali,
ossia, esplioitamente nelle ooordinate, sono uguali tra loro tutte le ξ_{ij} ool medesimo i, mentre $j = 1,2,\ldots,g$). Se infatti la distribuzione-limite fosse addirittura oonoentrata su tale diagonale, si rioadrebbe nel oaso della soambiabilità (e la oonsiderazio-
ne di $(D_S)^g$ in luogo di D_S risulterebbe superflua). Il oaso estremo opposto sarebbe quello in oui la distribuzione-limite sullo
spazio-prodotto fosse il prodotto di distribuzioni-limiti sui sin-
goli-fattori. Ciò signifioherebbe indipendenza fra i diversi tipi di prove, e il problema si soinderebbe in g problemi separati
riguardanti oiasouno uno sohema a prove soambiabili.

Dal punto di vista matematioo, l'impostazione delineata vale indipendentemente da ogni distinzione tra tali varianti, e
l'interpretazione del ragionamento induttivo non è affatto meno
semplioe ohe nel oaso di soambiabilità. Se una prova del tipo j
dà il risultato A_j, la distribuzione-limite viene alterata proporzionalmente a ξ_{ij}, e quindi, dopo n osservazioni oon r_{ij} risultati dei vari tipi, essa viene alterata proporzionalmente al pro-

B.de Finetti

dotto

(20)
$$\prod_{ij}^{g} \prod_{i}^{q} \xi_{ij}^{r_{ij}} \ .$$

Giova osservare ad es. perchè, nel caso di distribuzione addensata intorno alla diagonale, la distinzione fra i tipi abbia scarso effettò, e quali siano le conseguenze di tale fatto. Sulla diagonale, per definizione, tutti i ξ_{ij} sono uguali al variare di j , e in prossimità di essa differiscono poco; quindi il predotto sopra scritto risulta ivi poco sensibile a una diversa ripartizione degli r_i (complessivamente) risultati A_i fra i g tipi $(r_i = r_{11} + \ldots + r_{ig})$.

Il caso di ammissibile interdipendenza markoviana presenta una sola particolarità, del tutto inessenziale: che se, su n prove, otteniamo r_i risultati A'_i $(i = 1, 2, \ldots, q)$, risulta già necessariamente che le prove del tipo i-esimo (nel senso di "successive a un risultato A_i") sono $n_i = r_i$ (salvo eventuali correzioni per la prima prova e per l'ultima). Qualche complicazione, senza difficoltà sostanziali, subentrerebbe se le osservazioni non fossero tutte consecutive. Se ad es. si conoscessero i risultati delle prove da 1 a 5, da 8 a 15, da 17 a 23 (cioè 20 prove con due lacune, una di due posti e l'altra di uno) occorrerebbe sommare le probabilità di tutte le q^3 successioni di 23 risultati ottenibili completando in tutti i modi possibili i posti mancanti (e supponiamo per semplicità di conoscere il risultato della prova antecedente alla 1ª).

In modo analogo ci si presenta il caso in cui si consideri ammissibile una dipendenza markoviana di secon'ordine, o maggiore, ossia una diversa probabilità per un dato colpo a seconda dei risultati dei due ultimi precedenti, o più. Cambia solo il fatto che i gruppi da distinguere non sono più soltanto $g = q$, ma $g = q^2$

B.de Finetti

(o $g = q^3$, etc.). Se si pensa (come spesso sarà il caso) ad una sempre maggiore inverosimiglianza di dipendenze da prove più lontane, si potrà schematizzare tale situazione pensando concentrata buona parte della massa sulla diagonale, una parte notevole della massa residua sulla diagonale del prodotto di tutti gli spazi escluso il primo, e così via.

Ritorniamo ora all'impostazione della scambiabilità parziale in genere, senza distinguere i vari tipi di applicazione, allo scopo di vedere un po' più da vicino il comportamento del prodotto (20) e le conseguenze per l'analisi del ragionamento induttivo in queste circostanze. Per meglio fissare le idee, soffermiamoci sul caso semplice $q = 2$ e $g = 3$, completamente rappresentabile nello spazio ordinario. Ogni prova è semplicemente un evento, suscettibile dei $q = 2$ risultati $A_1 =$ "vero" e $A_2 =$ "falso" (oppure "Successo", S, e colpo "Fallito", F), e dubitiamo abbia influenza una circostanza che dà luogo a tre modalità. In tal caso giova scrivere più semplicemente $n_j = r_j + s_j$ (indicando cioè con r_j e s_j anziché con r_{1j} e r_{2j} il numero di risultati A_1 e A_2 nei tre tipi di osservazioni), e indicare le coordinate con x, y, z, ponendo cioè

$$\xi_{11} = x \ , \ \xi_{21} = 1-x \ ; \ \xi_{12} = y \ , \ \xi_{22} = 1-y \ ; \ \xi_{13} = z \ , \ \xi_{23} = 1-z \ ,$$

Il fattore di modificazione della distribuzione iniziale (20) si scrive quindi

$$(21) \qquad x^{r_1}(1-x)^{s_1}y^{r_2}(1-y)^{s_2}z^{r_3}(1-z)^{s_3} \ ;$$

come detto, il massimo è nel punto C di coordinate

$$x_o = r_1/n_1 \ , \quad y_o = r_2/n_2 \ , \quad z_o = r_3/n_3 \ ,$$

ed è molto aguzzo se gli n_i sono grandi. Asintoticamente, possiamo sostituirlo con l'esponenziale

B.de Finetti

$$(2.2) \qquad \exp\left\{-\frac{1}{2h}\ \left[\left(\frac{x-x_0}{a}\right)^2 + \left(\frac{y-y_0}{b}\right)^2 + \left(\frac{z-z_0}{c}\right)^2\right]\right\}$$

con $\quad a = \sqrt{x_0(1-x_0)}\ , \quad b = \sqrt{y_0(1-y_0)}\ , \quad c = \sqrt{z_0(1-z_0)}\quad .$

Se n è talmente grande da cancellare ogni traccia dell'opinione iniziale (purchè questa, naturalmente, abbia una sia pur minima componente diffusa intorno a C) si conclude pertanto (come per il caso di scambiabilità) che la distribuzione finale è proprio quella normale, di cui la formula scritta dà la densità. Questo va ben tenuto in mente, ma è tuttavia la conclusione meno interessante, perchè a tal punto si perde quanto vi è di peculiare nella presente impostazione.

Il suo interesse risiede infatti nella penetrazione che essa fornisce nella situazione intermedia, in cui l'influenza dell'opinione iniziale e dell'esperienza si bilanciano. Situazione che solo apparentemente si può considerare transitoria e quindi poco interessante, perchè nella realtà vi sono sempre infiniti fattori suscettibili di essere presi in considerazione: fattori sempre meno verosimili inizialmente come plausibili cause di discriminazione, obbligano a un certo punto a porsi la domanda se un certo scarto nelle frequenze vada accolto come significativo o trascurato come "puramente casuale" (e tale frase del gergo abituale acquista un significato effettivo solo intendendola nel senso della presente impostazione).

Si può discutere fino in fondo un caso semplice, che si presta anche come immagine della situazione prospettata, di concentrazione lungo diagonali. Precisamente, supponiamo che anche la distribuzione iniziale sia normale, e potrà essere qualunque: diciamo

$(23)\quad Ke^{-\frac{1}{2}Q}\quad$ con Q=polinomio di $2°$ grado in x,y,z definito posi-

. B.de Finetti·

tivo. Naturalmente, la distribuzione essendo limitata al cubo dei

punti aventi coordinate tutte tra 0 e 1, l'espressione dovrà in-

tendersi come approssimata o quanto meno sostituita con 0 all'e-

sterno di tale cubo.

La distribuzione finale avrà quindi densità $^{(1)}$

$$(24) \qquad K \, e^{-\frac{1}{2}(Q+nR)}$$

ove R sia l'espressione tra [ ] nella (22). Si ha sempre una di-

stribuzione normale, e, limitandoci ad esaminare come se ne spo-

sta il centro al crescere di n , osserviamo che esso è dato dal

sistema di equazioni lineari

$$(25) \qquad \frac{\partial}{\partial x}(Q+nR) = \frac{\partial}{\partial y}(Q+nR) = \frac{\partial}{\partial z}(Q+nR) = 0$$

ossia

$$(25') \qquad Q'_x + 2n(x-x_o)/a = 0 \text{ etc.} \qquad \text{ossia} \qquad 2n = aQ'_x/(x-x_o) \text{ etc.}$$

Eliminando n si ha il sistema di equazioni

$$(25'') \qquad a(y-y_o)Q'_x = b(x-x_o)Q'_y \;, \qquad a(z-z_o)Q'_x = c(x-x_o)Q'_z \;,$$
$$b(z-z_o)Q'_y = c(y-y_o)Q'_z$$

(di cui, naturalmente, due sole indipendenti: scriviamo tutte e

tre per far vedere la simmetria). Il luogo cercato è quindi e-

spresso come intersezione di due quadriche (o, se si preferisce

menzionarle tutte dato il ruolo simmetrico, di tre).

Per soffermarci sul caso di addensamento diagonale, potremmo

considerare una Q nulla sulla diagonale, ad es. del tipo

$$Q = A(x-y)^2 + B(x-z)^2 + C(y-z)^2$$

con A,B,C positivi e grandi. Se poi si prende ad es. C ancor mol-

to più grande degli altri, si ha che riesce ancor abbastanza plau-

____
(1)
    Si rammenti che con K indichiamo ovunque la costante di nor-
malizzazione adatta al singolo caso; non si pensi ad es. che il K
della seguente formula debba avere il medesimo valore che nella
precedente (cfr.nota $^{(2)}$ del §1).

105

sibile una distinzione tra x ed (y e z), ma assai meno una discriminazione tra y e z.

Queste esemplificazioni mi sembrano abbastanza idonee a chiarire situazioni realistiche, e varrebbe forse la pena di approfon-
dirne l'esame. Considerazioni analoghe, ma più schematizzate (cioè:
pensando ai casi degeneri di distribuzioni su linee, superficie,
etc.) erano state svolte in una mia antica comunicazione [15] al
Colloquio di Ginevra (1937) sulla probabilità. In quella stessa
comunicazione avevo introdotto la nozione di "scambiabilità parziale" sviluppandone la trattazione in forma non molto diversa da
quella qui presentata. Ma poi l'argomento non è stato più ripre-
so, nè da me, nè, per quanto ne sappia, da altri, tanto da potersi dire dimenticato (o forse mai entrato nell'ambito delle cose
"note"). Ed era del resto ben spiegabile che un impostazione tanto inconciliabile con la concezione oggettivista trovasse un ambiente poco favorevole ad esser non solo accolta ma compresa e di-
scussa finchè i concetti della scuola oggettivista dominavano pressochè incontrastati.

L'evoluzione in corso dovrà però far riflettere anche sulle
questioni cui la nozione di scambiabilità parziale intende fornire un'impostazione. Perciò ho ritenuto valesse la pena di riprendere l'argomento, e di ripresentarlo qui con qualche ampliamento
e complemento. Sono sempre convinto infatti che questa impostazione dia la chiave per avviare al chiarimento concettuale e allo studio pratico di un campo di argomenti altrimenti sfuggenti e inaf-
ferrabili, e per condurre a una visione particolareggiata dei loro vari aspetti attraverso l'esame approfondito dei casi più tipici.

B. de Finetti

§9. ESTENSIONI

Nella trattazione dei casi di scambiabilità e di scambiabilità parziale, ci siamo limitati a considerare elementi aleatori con un numero finito q di risultati possibili $A_1 \ldots A_q$; abbiamo tuttavia parlato di "spazio" S formato da tali "punti" A_i, avvertendo che tale terminologia era utile per una futura estensione al caso di elementi aleatori con risultati appartenenti ad uno spazio S qualunque. Conviene dire ora qualche cosa su tale argomento, che si ricollega, come è e meglio apparirà chiaro, strettamente collegato alle "questioni matematiche", del §6.

Non c'è naturalmente difficoltà alcuna nel passaggio dal finito all'infinito e dalle sommatorie a qualche specie d'integrale, se non l'imbarazzo della scelta e le questioni tecniche più o meno delicate che ogni particolare formulazione analitica comporta.

L'estensione che sarà qui brevemente illustrata è basata su un concetto informatore molto prudente: quello di una effettiva approssimabilità mediante una partizione finita. Si tratta cioè di limitarsi a considerare i casi in cui, per ipotesi, si possa rispondere al problema con errore comunque piccolo, suddividendo S in un numero finito di parti o "celle" (sufficientemente "piccole") e limitandosi a prender nota, anziché dei risultati "esatti" (punti di S), dei risultati approssimati (celle cui i punti appartengono).

Anche lo strumento che adottiamo per dar forma effettiva a questi propositi sarà un pò'fuori moda. Immagineremo precisamente che la "vicinanza di due punti di S" (nel senso della poca distinguibilità delle conseguenze di osservare l'uno o l'altro di essi come

B.de Finetti

risultato) si possa tradurre in una "distanza" [1] cosicchè S

sarà uno spazio metrico.

E' questo il modo più pratico di introdurre in S una topo-

logia ai fini seguenti:

- indifferenza fra risultati vicini, e

- suddivisione in celle "ugualmente piccole" (cose già det-

te),

- definizione di distribuzione "propria" (conseguenza pros-

sima),

- applicabilità della nozione di ϵ-entropia (secondo Shan-

non [73], con precisazioni forse più chiare in Kolmogoroff [42];

l'argomento non ci riguarda qui direttamente, ma si basa su con-

siderazioni molto affini [2]).

Non intendo affermare tuttavia che tali motivi impongano la

considerazione di una metrica; metodi topologici più diretti e

moderni potranno forse risultare altrettanto adeguati [3]; limi-

tandoci al caso più elementare vogliamo sottolineare l'importan-

za preminente delle precauzioni concettuali rispetto ai vantaggi

(illusori finchè non assodati concettualmente) di strumenti mate-

maticamente più potenti od eleganti.

Sia dunque ora S uno spazio dotato di metrica; è ovvia la

nozione di "sfera di raggio ϵ", e diremo "cella di raggio $\leq \epsilon$"

ogni insieme contenuto in una sfera di raggio ϵ . Diremo *limitato*

---

(1).
    Cioè: una funzione nonnegativa e simmetrica delle coppie di
punti di S, sia d(A',A"), nulla se e solo se i due punti coincidono, e soddisfacente la "disuguaglianza triangolare" (delle tre
distanze fra tre punti - AA', AA", A'A" - nessuna può esser minore della differenza o maggiore della somma delle altre due).
(2)
    Ne tratta però Ville nel suo corso [76]; v.anche [75].
(3)
    Parzialmente secondo i concetti informatori di p.es.,[5] e [31].

B.de Finetti

S, o un insieme B di S, se, preso ϵ comunque piccolo, lo si p

coprire con un numero finito di sfere di raggio $\leq \epsilon$ (ossia suddi-

viderlo in un numero finito di celle di raggio $\leq \epsilon$). Diremo *limi-*

tata una distribuzione ξ se è $\xi(B) = 1$ per un B limitato (ogni di-

stribuzione è limitata in un S limitato); la diremo *propria* se e-

sistono B limitati per cui $\xi(B)$ è vicina ad 1 quanto si vuole.

Per una distribuzione propria è sempre possibile, in altre pare-

le, suddividere S in un numero finito di celle disgiunte di rag-

gio inferiore a qualunque ϵ prefissato, $B_1, B_2, \ldots, B_q$, più un in-

sieme B_o per cui $\xi(B_o) \leq \epsilon$ (e in particolare $\xi(B_o) = 0$ se la di-

stribuzione è limitata, e $B_o = \emptyset$ se S è limitato).

L'ipotesi sostanziale su cui si basa il presente metodo $^{(4)}$

è che un'informazione approssimativa che faccia conoscere i risul-

tati a meno di un errore piccolo conduce praticamente alle stes-

se conclusioni (come ragionamento induttivo) dell'informazione e-

satta. I concetti introdotti permettono di tradurre questa idea

in un procedimento concreto, facendo sì, nel caso di distribuzio-

ne limitata, di considerare un numero finito di punti $A_1 \ldots A_q$ con

cui esprimere ogni risultato A con errore inferiore ad un prefis-

sato ϵ , mentre nel caso di distribuzione propria si può ottene-

re ciò a meno di casi di probabilità piccola quanto si vuole

(cioè: avere un metodo che quasi sempre va bene nel senso prece-

dente). Sotto tali condizioni, quindi, un problema in S può veni-

re approssimato quanto si vuole con un problema ove i risultati

sono in numero finito.

----

(4)
    S'intende, ipotesi particolare, da accettare o no caso per ca-
so, come esistenza di una distribuzione diffusa o simili; *non* s'intenda "ipotesi" come *assioma* (ad es., come chi parlasse di "ipotesi che la probabilità debba essere completamente additiva").

B. de Finetti

Possiamo aggiungere, per ricollegare queste considerazion:
con quelle del §6 (precisamente: con la prima delle "due questioni sfiorate" alla fine di detto §6), che l'introduzione di una
metrica permette una "relativizzazione" del concetto di distribuzione, utile per ottenere impostazioni più limitate.

Per ogni insieme B di S, e per ogni $\epsilon \geq 0$, possiamo definire
B^-_ϵ e B^+_ϵ risp. come gli insiemi dei punti di B a distanza $\geq \epsilon$ dal
complementare di B, e dei punti a distanza $\leq \epsilon$ da B.

Se $\xi(B)$ è una distribuzione, ossia una funzione additiva definita per tutti i B di S, possiamo definirne il *valore interno*
e il *valore esterno* per un B qualunque rispetto alla metrica considerata, ponendo

$$\underline{\xi}(B) = \sup_\epsilon \xi(B^-_\epsilon) , \qquad \overline{\xi}(B) = \inf_\epsilon \xi(B^+_\epsilon) .$$

Potremo dire distribuzione *particolarizzata* rispetto alla data metrica la distribuzione ξ in cui si prescinda da tutto ciò che va
oltre la determinazione di tali due valori. In altre parole, due
distribuzioni si considerano indiscernibili per la metrica considerata se ne coincidono i valori interni ed esterni; od ancora,
ξ si considera indiscernibile da ogni altra distribuzione che pro-
lunghi in qualunque altro modo la valutazione ai B per cui i valori interno ed esterno non coincidono, fermi restando tali valori.

Per fare un esempio, consideriamo l'intervallo (0,1) con la
metrica usuale. Una distribuzione uniforme sugli intervalli (massa = lunghezza) può corrispondere a distribuzioni diversissime,
ad es. avere come valori possibili solo i razionali, o solo gli
irrazionali etc. etc. Tutte le distribuzioni date da siffatte varianti sono tuttavia indiscernibili rispetto alla metrica usuale,
e costituiscono cioè un'unica distribuzione particolarizzata rispetto a tale metrica.

B.de Finetti

Con queste premesse, si può estendere alla lettera a queste cas.o la definizione di "distribuzione-limite" usuale nel caso di numeri aleatori. Si può dire infatti che la successione di distribuzioni ξ_n tende alla distribuzione ξ *rispetto alla metrica considerata* se, comunque si prenda $\epsilon > 0$, da un certo n in poi risulti

$$(26) \qquad \xi(B_\epsilon^-) - \epsilon < \xi_n(B) < \xi(B_\epsilon^+) + \epsilon \qquad (\text{per ogni } B \subset S).$$

Evidentemente, alle ξ si possono sostituire indifferentemente il valore interno od esterno.

In gran parte considerazioni analoghe si potrebbero sviluppare con riferimento, anzichè ad una metrica, semplicemente a una struttura topologica, o a una topologia uniforme [5]. Ripeto che, senza escludere possibili vantaggi di eventuali future evoluzioni in tal senso, la via seguita è quella che sembra illustrare meglio i motivi delle precauzioni rispondenti alle preoccupazioni d'ordine concettuale più volte sottolineate.

B. de Finetti

§10. CONCLUSIONI

Sia per riguardo al presente corso, sia per riguardo all'intero ciclo con le annesse attività collaterali di seminari, discussioni, conversazioni, non è possibile parlare di "conclusioni" nel senso letterale della parola, cioè di qualcosa di *chiuso*.

Ma quand'è che si arriva a qualcosa di chiuso? Quando si ha per scopo rispettivamente di insegnare e di apprendere un insieme di nozioni e di metodi, una dottrina o una teoria, che si considerino ormai compiute e perfette. Ciò può anche valere per qualche settore ben delimitato (ammettiamolo perchè la negazione assoluta non appaia "faziosa"), ma in genere, e specie affrontando con visione non circoscritta questioni di principio o di carattere generale, nulla s'incontra di concluso. E fortunatamente! Perchè, apprendere ciò che è stato fatto da altri in passato, non deve servire a far adorare feticci mummificati, ma a proseguire gli sviluppi in cui quei contributi, pur superati e rielaborati continuamente, continueranno a vivere come apporti all'evoluzione del pensiero umano.

Nel caso dell'argomento affrontato in questo corso, la situazione attuale è poi particolarmente fluida e aperta. Come è stato ripetutamente accennato, essa è caratterizzata da una tendenza sempre più marcata verso il ritorno alle posizioni e impostazioni classiche (induzione bayesiana e utilità bernoulliana), superando le concezioni nel frattempo proposte quali alternative ad esse. Ma è necessario da una parte approfondire la rielaborazione concettuale che permetta tale ritorno, eliminando pecche ed oscurità che avevano causato il distacco. Ed occorre poi riprendere l'imponente massa di contributi portati nel frattempo a problemi svariati, di alto interesse teorico ed applicativo, per vedere se rimangono giu-

B.de Finetti

stificabili (e sotto quali condizioni) rientrando nella conce⁒ ⁒ ne classica, o come altrimenti (e perchè) possono essere vantag‑ giosamente rimpiazzati da altri. E infine tutta l'impalcatura ma‑ tematica di queste trattazioni va accuratamente messa a punto, va‑ gliando le possibili varianti di natura formale alla luce dei ri‑ flessi (il cui peso dev'essere determinante) sulle questioni con‑ cettuali.

C'è quindi molto da fare, per molti studiosi e per molto tempo, anche pensando solo a questi compiti necessari e immediati anzichè volgere lo sguardo a quelli che potranno essere gli svi‑ luppi ulteriori. Ed è questa situazione che sembra particolarmen‑ te utile segnalare in Italia, perchè potrebbe costituire un'occa‑ sione vantaggiosa per uscire dalla posizione troppo modesta deri‑ vata dalla scarsa o nulla partecipazione nostra al fervore di ri‑ cerche statistico-matematiche che ha pervaso il mondo negli ulti‑ mi decenni. In parte almeno, questo quasi-isolamento è dovuto ad un atteggiamento piuttosto riservato e critico verso le teorie og‑ gettiviste (e non è qui il caso di analizzare e discutere i diversi punti di vista dei critici o la maggiore o minore appropriatezza e validità dei loro argomenti). E ciò può costituire, insieme a un punto di svantaggio, un punto di vantaggio.

C'è comunque infatti uno svantaggio nel non conoscere suffi‑ cientemente a fondo ciò che deve costituire oggetto di esame, ma c'è, d'altra parte, un vantaggio per la spregiudicatezza e la pe‑ netrazione di un tale esame se la teoria che ne è oggetto non è talmente connaturata all'aria che respiriamo da renderci assuefat‑ ti e asserviti.

E quale consiglio appare il più adatto per chi avesse il de‑ siderio di inserirsi in questo lavoro di ripensamento e di rinno‑

B.de Finetti

vata espansione della statistica?

Indubbiamente, occorre anche studiare molte cose, cercare di
farsi un'idea del panorama di ricerche cui danno vita gli studiosi di tutto il mondo. E ciò è difficile, faticoso, tanto che può
scoraggiare chi cominci a intravvedere quanto tale panorama sia
vasto. Anche questi corsi avranno contribuito a formare (per i
neofiti) o a consolidare (per i più esperti) tale impressione,
dell'immensità del campo da affrontare, e non è certo possibile
rimediare ad essa negandole fondamento.

Occorre dire invece che per un altro motivo la cosa non deve
impressionare oltre il giusto limite e scoraggiare le buone inten-
zioni. Non bisogna pensare allo studio come al passivo apprendimento di tante nozioni, da attuarsi sistematicamente con impro-
ba fatica. Si tratta di entrare gradualmente nello spirito di un
certo campo di problemi; di arrivare a "sentirli" come un proprio
assillo. La fatica di studiare ogni singolo nuovo argomento viene
allora assorbita dal piacere di partecipare attivamente, concor-
dando o ribellandosi alle idee di questo o quell'altro autore, a
colmare una lacuna di cui soffrivamo. E i nessi concettuali aiu-
tano man mano a predisporre il quadro in cui sempre più naturalmente andranno a collocarsi i successivi apporti.

Ma soprattutto una raccomandazione vorrei fare, completando
queste stesse considerazioni: non riguardare l'oggetto degli studi e delle ricerche cui ci dedichiamo come qualcosa di isolato,
di lontano, di freddo, sia pure con l'illusione di innalzarlo con-
finandolo nel castello incantato della Scienza con la S maiuscola. Coloro che concepiscono la Scienza in questo modo, ne fanno
in genere un idolo sterile e quasi sempre deforme (fino ad apparire talvolta null'altro che un pomposo sgabello per vacue decla-

B. de Finetti

mazioni). Invece la scienza è una cosa seria e vivente, che r -
fugge dall'orpello della maiuscola e dalla clausura dei castelli
incantati, e si riduce in sostanza all'abitudine di riflettere
coscienziosamente e consapevolmente e responsabilmente su ogni
problema sviscerandone i vari aspetti e collocandoli nella luce
più adatta.

E mai come nel campo della probabilità e della statistica
queste considerazioni mi sembra vadano accettate alla lettera e
fino al più profondo del loro significato. Gli schemi matematici,
le terminologie tecniche, la collezione degli esempi di problemi
standardizzati, costituiscono un'attrezzatura ausiliaria utile
in molti casi, ma non forniscono certo il campo di riflessione
più adatto per penetrare l'essenza dei problemi, scoprire e chiarire i punti dubbi, controllare senso e validità delle idee astratte con la concretezza delle loro interpretazioni in casi particolari.

Il miglior banco di prova per le idee anche più astratte è dato, specie nel nostro campo, dalla riflessione sulla realtà quotidiana; e particolarmente istruttivi a tale riguardo mi sembrano vari esempi citati nel corso di Savage, conformi del resto allo spirito informatore che traspare da tutta l'esposizione.

Non mi resta che da esprimere l'augurio dei migliori successi a quanti, fra i partecipanti al corso, vorranno dedicare tempo, energia, intelligenza, ai molti problemi concernenti l'induzione e la statistica.

B.de Finetti

B I B L I O G R A F I A

BAYES, THOMAS
    1.- *An Essay Toward Solving a Problem in the Doctrine of Chan-ce*, "Phil.Trans.Royal Soc.", 1763 (ripr.Dept.Agric., Wash. 1940)

BERNOULLI, DANIEL
    2.- *Specimen theoriae novae de mensura sortis*, "Comment.Acad. Scient.imper. Petropolitanae", 1738 (ripr.ted.1896, ingl. "Econometrica", 1954).

BLACKWELL, DAVID
    3.- *On a Class of Probability Spaces*, "Proc.3rd Berkeley Symp.", Vol.II, 1956.

BOREL, EMILE.
    4.- *La théorie du jeu etc:* (e altre due note),"C.R.Paris", 1921 (ripr.ingl. "Econometrica", 1953, con commenti di Fréchet e von Neumann).

BOURBAKI, NICOLAS
    5.- *Eléments de Mathématique*, Trattato in 6 libri e numerosi fascicoli della collez."Act.Sci.Ind.", ed.Hermann, Paris, dal 1939 (tuttora non completato). V.partic., del "Livre III, Topologie générale" il Ch.II, Structures uniformes e il Ch.IX, Utilisation des nombres réels en topologie générale.

CARNAP, RUDOLF
    6.- *Logical Foundations of Probability*, Un.Chicago Press, 1950.
    7.- *The Continuum of Inductive Methods*, Un.Chicago Press, 1952.

COHEN, JOHN
    8.- *Risk and Gambling - The study of subjective Probability* (in collab.con Mark Hansel), Longmans, London, 1956; e no-te varie.

CRAMÉR, HARALD
    9.- *Mathematical Methods of Statistics*, Princeton Un.Press, 1946.

DUMAS, MAURICE
    10.- *Sur une loi de probabilité à priori conduisant aux argu-ments fiduciaires de Fisher*, "Revue Scient.", Paris 1947.

FELLER, WILLIAM
    11.- *An Introduction to Probability Theory and Its Applica-tions*, vol.I (per ora unico), Wiley, New York, 1950 (2^a ed. 1958).

DE FINETTI, BRUNO
    12.- *Sulla proprietà conglomerativa delle probabilità subor-dinate*, "Rend.Ist. Lombardo", Milano, 1930.

B.de Finetti

DE FINETTI, BRUNO
13.- *Funzione caratteristica di un fenomeno aleatorio*, "Mem Lincei", 1931.
14.- *La prévision: ses lois logiques, ses sources subjectives*, "Ann.Inst.H.Poincaré", Paris, 1937 (e lavori cit. e riassunti ivi).
15.- *Sur la condition d''équivalence partielle"*, Colloque Genève, "Act.Sci.Ind."n.739, Hermann, Paris, 1938.
16.- *Le vrai et le probable*, "Dialectica", 1949.
17.- *Sull'impostazione assiomatica del calcolo delle probabilità*, "Ann.Univ.Trieste", 1949.
18.- *Recent Suggestions for the Reconciliation of Theories of Probability*, "Proc.2nd Berkeley Symp.", 1951.
19.- *La compensazione tra rischi eterogenei*, "Giorn.Ist.It. Attuari", 1954.
20.- *Calcolo delle probabilità*, (con esercizi, di D.Fürst), in "Seminario Mat.fin.e attuariale", Centro Didattico Nazionale, Roma, 1957.
21.- *Dans quel sens la théorie des décisions est-elle et doit-elle être normative?* Colloque Décision, Paris, Mai 1959 (atti in c.di stampa).

FISHER, RONALD A.
22.- *Statistical Methods and Scientific Induction*, "J.Roy.Stat. Soc.", 1955
23.- *Statistical Methods and Scientific Inference*, ed.Hafner, New York, 1956.
24.- *Contributions to Mathematical Statistics*, ed.Wiley, New York, 1950.

FRÉCHET, RENE' MAURICE
25.- *Les Probabilités associées à un systéme d'événements incompatibles et dépendants*, Hermann ed., Paris, 1939-43.

GNEDENKO, B.V. e A.N.KOLMOGOROV
26.- *Limit distributions for sums of independent random variables* (orig.russo, 1949), trad.ingl., ed.Addison-Wesley, Cambridge Mass., 1954. (Ch.1, §3: Perfect Measures; sull'argom. anche Appendix I, di J.L.Doob).

GOOD, J.J.
27.- *Probability and the Weighing of Evidence*, Griffin ed., London, 1950.
28.- *Which comes first, Probability or Statistics?*, "J.Inst. Actuaries", 1956.
29.- *Kinds of Probability*, "Science", 1959 (trad.ital,annunc.su "L'Industria").

GUILBAUD, GEORGE TH.
30.- *Faut-il jouer au plus fin? (Notes sur l'histoire de la théorie des jeux)*, Colloque Décision, Paris, Mai 1959 (Atti in c.di stampa).

HALMOS, PAUL R.
31.- *Measure Theory*, ed.Van Nostrand, New York, 1950 (in partic., Ch.IX, Probability).

B.de Finetti

HALPHEN, ETIENNE
    32.- *La notion de vraisemblance*, (postumo) "Publ.Inst.Stat.
      Un.Paris", 1955.

HEWITT EDWIN e L.J.SAVAGE
    33.- *Symmetric Measures on Cartesian Products*, "Trans.Am.Math.
      Soc.", 1955.

HUME, DAVID
    34.- *An Enquiry Concerning Human Understanding*, London, 1748.

JEFFREYS, HAROLD
    35.- *Theory of Probability*, Clarendon Pr., Oxford, 1939 (2^a
      ed.1948).

JEVONS, WILLIAM STANLEY
    36.- *Theory of Political Economy*, Londra, 1871 (2^a ed.1879)

KALLIANPUR, GOPINATH
    37.- *Perfect Probability Spaces*, corso mimeogr.; Michigan Sta-
      te Univ., 1958.

KENDALL, MAURICE G.
    38.- *The Advanced Theory of Statistics*, I e II, Griffin ed.,
      London, 1947 e 1948 (varie ed.succ.).

KEYNES, JOHN MAYNARD
    39.- *A Treatise on Probability*, Macmillan ed., London, 1921
      (2^aed.1929).

KHINTCHINE, ALEXANDER I.
    40.- *Sur les classes d'événèments équivalents*, "Rec.Math.Mo-
      scou", 1932.

KOLMOGOROV, ANDREJ J.
    41.- *Grundbegriffe der Wahrscheinlichkeitsrechnung*. Springer
      ed., Berlin, 1933 (trad.ingl.,Chelsea, New York, 1950).

    42.- *Theorie der Nachrichtenübermittlung*, "Arbeiten zur Infor-
      mationstheorie, I" (orig.russo, 1956) trad.ted.,Deutsch.
      Verl.Wiss., Berlin, 1957.

KOOPMAN, B.O.
    43.- *The axioms and algebra of intuitive probability*, "Ann.
      Math.", 1940.

    44.- *Quantum Theory and the Foundations of Probability*, "Ap-
      plied Probability", McGraw-Hill ed., New York, 1957.

LAPLACE, PIERRE SIMON DE
    45.- *Essai philosophique sur les probabilités*, Paris, 1814,
      introduzione a *Théorie analytique des probabilités*.

LEVY, PAUL
    46.- *Théorie de l'addition des variables aléatoires*, Gauthier-
      Vill.ed., Paris, 1954

B.de Finetti

LINDLEY, DENNIS V.
47.- *Statistical Inference*, "J.Roy.Stat.Soc.", 1953.

48.- *A Statistical Paradox*, "Biometrika", 1957.

49.- Recensione di [23], "Heredity", 1957.

50.- *Professor Hogben's "Crisis" - A Survey of the Foundations of Statistics*, "Applied Statistics", 1958.

51.- *Fiducial Distributions and Bayes'Theorem*, "J.Roy.Stat. Soc.", 1958.

LOEVE, MICHEL
52.- *Probability Theory*, ed.Van Nostrand, New York, 1955.

MARSCHAK, JACOB
53.- *Rational Behavior, Uncertain Prospects, and Measurable Utility*, "Econometrica" 1950.

VON MISES, RICHARD
54.- *Wahrscheinlichkeitsrechnung, usw*, ed.Deuticke, Wien-Leipzig, 1931.

55.- *Wahrscheinlichkeit, Statistik und Wahrheit*, ed.Springer, Wien, 1928, (trad.ingl., ed.Macmillan, New York, 1957).

MONTMORT, PIERRE REMOND DE
56.- *Essai d'Analyse sur les Jeux de Hazards*, 2^a ed., Paris, 1714 (la 1^a è del 1708; solo la 2^a contiene l'epistolario successivo cui si fa menzione nel testo).

VON NEUMANN, JOHN e OSKAR MORGENSTERN
57.- *Theory of Games and Economic Behavior*, Princeton Un.Press, 1944 (in Appendice: The Axiomatic Treatment of Utility).

IL CARDINALE NEWMAN, JOHN HENRI
58.- *An Essay in aid of a Grammar of Assent*, Londra 1870.

NEYMAN, JERZY
59.- *Outline of a theory of statistical estimation based on the classical theory of probability*, "Phil.Trans.Roy. Soc.", 1937.

60.- *Raisonnement inductif ou comportement inductif*, "Proc. Int.Statistic.Conf.", 1947.

61.- *Lectures and Conferences on Mathematical Statistics and Probability*, U.S.Dept.of Agriculture, Wash.D.C., 1952 (Ied. 1938).

62.- *Fisher's collected papers*, "Scientific Monthly", 1951.

62bis.- *Note on an article by Sir Ronald Fisher*, JRSS, 1956 (con risp.di R.A.F., Ibid., 1957).

B.de Finetti

NEYMAN, JERZY
   63.- *"Inductive Behavior" as a basic concept of Philosophy
        of Science*, "Rev.I.S.I.", 1957.

NEYMAN J. e EGON S.PEARSON
   64.- *On the problem of the most efficient tests of statisti-
        cal hypotheses*, "Phil.Trans.Roy.Soc.", 1933

POINCARE', HENRI
   65.- *La Science et l'Hypothèse*, Paris, 1906 (Ch.XI, Le cal-
        cul des probabilités, e partic. §2, La probabilité dans
        les sciences mathématiques).

   66.- *Science et Méthode*, Paris, 1908 (Ch.III, L'invention ma-
        thématique; Ch.IV, Le hazard).

POLYA, GEORGES
   67.- *Mathematics and Plausible Reasoning*, (Vol.I: Induction
        and Analogy in Mathematics; Vol.II: Patterns of Plausible
        Reasoning), Princeton Un.Press, 1954.

RAMSEY, FRANK PLUMPTON
   68.- *The foundation of Mathematics and Other Logical Essays*,
        ed.Kegan, London, 1931 (in partic.: "Truth and Probabi-
        lity", del 1926, e "Further considerations", del 1928).

SAVAGE, LEONARD J.
   69.- *An axiomatization of reasonable Behavior in the face of
        uncertainty*, "Coll.C.N.R.S., XL", Paris, 1952.

   70.- *The Foundations of Statistics*, Wiley ed., New York, 1954.

   71.- Conferenze del presente ciclo, Varenna, 1959; l'argo-
        mento sarà sviluppato in una trattazione molto più am-
        pia, in inglese, attualmente in preparazione; qualche
        altro aspetto apparirà in un articolo (in collab. con
        B.de Finetti), *Sul modo di scegliere le probabilità
        iniziali* (in corso di pubblicazione presso la Fac.Sc.
        Statistiche e Attuariali, Univ.di Roma).
SCHLAIFER, ROBERT
   72.- *Probability and Statistics for Business Decisions*, Mc-
        Graw-Hill ed., New York, 1959.

SHANNON, CLAUDE E. e WARREN WEARER
   73.- *The Mathematical Theory of Communication*, Univ.of Ill.
        Press, Urbana, 1949.

VILLE, JEAN ANDRE'
   74.- *Note sur la théorie générale des jeux où intervient l'ha-
        bilité des joueurs*, Nel Tomo IV, fasc.II, del Traité du
        Calc.d.Prob.di Borel, Gauthier-Villars ed., Paris, 1938.

   75.- *Leçons sur quelques aspects nouveaux de la théorie des
        probabilités*, "Ann.Inst.H.Poincaré", 1954.

   76.- Conferenze del presente ciclo, Varenna, 1959.

B.de Finetti

WALD, ABRAHAM

77.- *Selected Papers in Statistics and Probability*, McGraw-Hill, New York, 1955.

78.- *Sequential Analysis*, Wiley, New York, 1947.

79.- *Statistical Decision Functions*, Wiley, New York, 1950.

WEGENER, ALFRED

80.- *La formazione dei continenti e degli oceani*, (orig.tedesco, 1915), trad.ital., ed.Einaudi, Torino, 1943.

AVVERTENZE

La suddivisione degli argomenti fra le otto lezioni era all'incirca la seguente: prima ed ultima lezione, §§1-2 e 9-10; lezioni II-VII, un § ciascuna dal 3 all'8.

Il presente testo è basato sugli appunti preparati in precedenza (inclusi alcuni punti che furono omessi o condensati per mancanza di tempo) e su registrazioni appunti o reminiscenze sia dell'esposizione orale che di alcune discussioni nelle riunioni di seminario.

La trattazione non presuppone una conoscenza approfondita del calcolo delle probabilità; non potendosi tuttavia soffermare sulle prime nozioni, si rinvia, come introduzione minima sufficiente allo scopo, alla pubblicazione [20] che per tale motivo è stata distribuita ai partecipanti all'inizio del corso.

I numeri tra [ ] rinviano alla Bibliografia.

CENTRO INTERNAZIONALE MATEMATICO ESTIVO

(C.I.M.E.)

LEONARD J.SAVAGE

LA PROBABILITA' SOGGETTIVA NEI

PROBLEMI PRATICI DELLA STATISTICA

Roma, Istituto Matematico dell'Università 1959

My research in preparation for this course was supported by
the United States Air Force through the Air Force Office of Scientific Research of the Air Research and Development Command, under
Contract No. AF 49(638)-391. Reproduction in whole or in part is
permitted for any purpose of the United States Governement.

LA PROBABILITA' SOGGETTIVA NEI

PROBLEMI PRATICI DELLA STATISTICA[1]

di

LEONARD J. SAVAGE

1.- PREMESSA.

Da molti anni ritengo che il concetto di probabilità soggettiva sia di fondamentale importanza per la statistica.

Dicendo questo non voglio entrare nella discussione se un'altra teoria della probabilità sia di fatto possibile. Ma, per parlare francamente, la mia convinzione è che la teoria soggettiva della probabilità è sufficiente per tutte le applicazioni, che nessun'altra teoria è coerente, e che quanto le altre teorie hanno di coerente rientra nel punto di vista soggettivo.

La mia tesi - a prescindere da eventuali dubbi di natura filosofica dei miei uditori circa il valore di questa o di quella teoria della probabilità - consisterà comunque nel dimostrare che la teoria soggettiva della probabilità ha applicazioni per la statistica. Il metodo che seguirò in questo corso di conferenze non sarà il metodo assiomatico, logico, etc. col quale ho trattato lo stesso argomento nel mio libro "The foundations of statistics" [40]. Questo metodo è buono per un certo scopo; in questo momento, però, nel quale ritengo che ci troviamo al principio di una rivoluzione nella statistica, servono molto meglio esempi, ed esempi concreti.

(1)
    I heartily thank the friends who have done so much to take the
preparation of this written version of the lectures off my shoulders.
Boetti, Casini, Iannizzotto, who struggled with the tape recordings
and translated some late additions; Fürst, who partecipated in
almost every phase of the work; and above all de Finetti who un-
stintingly applied his energy and talent to help me organize and
express the final version.
    (Aggiunta sull'edizione definitiva; 22/IX/1959).

L.J.Savage

Dioendo esempi oonoreti, non voglio intendere ohe interessi il
fatto che si tratti di esempi presi dalla demografia, dall'agri‑
ooltura, e così via; ooorrerà considerare schemi partioolari che
traduoono problemi statistioi frequenti nella pratioa.

L.J.Savage

2.- CHE COSA INTENDIAMO PER STATISTICA.

Per entrare nell'argomento diamo una piccola definizione della statistica: in questa esposizione, per me, la statistica sarà la *lotta contro l'incertezza*. Altri darebbero forse altre definizioni e sarebbe fuori luogo pretendere che una delle definizioni sia la migliore. Anche accettando la definizione che ho dato ci sono vari modi di interpretarla, soprattutto in relazione a tre aspetti:

- interpretazione del concetto di incertezza in senso *oggettivo* (logico o frequentista) oppure *soggettivo*;

- interpretazione della lotta contro l'incertezza come problema di *pensare* oppure di *agire* accortamente;

- attribuzione alla statistica dei problemi della lotta contro l'incertezza *in generale* oppure solo di problemi di *tipo particolare*.

Sia per chiarire questi aspetti, sia per l'interesse che l'argomento ha di per sè, darò qualche cenno sulle idee direttive di alcuna delle correnti della statistica moderna.

La preoccupazione di giungere ad una spiegazione oggettiva della statistica costituisce la principale idea direttiva durante il grandissimo sviluppo che la statistica ha avuto in questo secolo. Possiamo parlare di un rinascimento di questa disciplina, che incomincia specialmente in Inghilterra sotto l'influsso dei lavori di eminenti studiosi. Possiamo trovare le radici di questa ripresa negli studi di Galton, originalissimo demografo del XIX sec., in K.Pearson ed altri. Degno di rilievo il caso di Fisher, uno studioso che passa dall'astronomia alla agronomia, ove troviamo "Student" (William S.Gosset) ed altri ricercatori che hanno portato validi contributi [9].

L.J.Savage

In seguito si è sviluppata tutta una scuola di cui si sogliono nominare, come principali esponenti, Neyman e E.Pearson. La caratteristica di tutto questo movimento così rapido ed universale in quanto ad estensione ai vari campi dell'attività umana era l'insistenza sulla oggettività. Per vedere fino a che punto tale veduta era radicale, rammento che parlando di inferenza statistica, si parte, secondo Bayes, da certe probabilità iniziali, e attraverso i risultati di osservazioni si giunge ad una nuova probabilità detta finale (antica terminologia: a priori e a posteriori). Nel suddetto movimento oggettivistico questo metodo di ragionare veniva completamente rifiutato nell'assunto che le probabilità a priori non esistono. La ragione di questo atteggiamento sta nel significato che veniva attribuito alla probabilità: secondo detta scuola la probabilità era una frequenza; meglio: il limite di una frequenza.

Notiamo subito che, con un tale concetto di probabilità, non potremmo parlare della probabilità che G.Cesare sia andato in Inghilterra, che i ratti non abbisognino di acido ascorbico e così via, in quanto, qui, il concetto di probabilità nulla ha a che vedere con una serie di frequenze.

Seguendo il punto di vista che il teorema di Bayes non serve nella maggior parte delle applicazioni della probabilità, tutto questo movimento cercò metodi per evitare il ragionamento Bayesiano. Con vera ingegnosità si costruirono appositi artifici o apparecchi intellettuali più o meno complicati capaci, secondo i loro autori, di superare il vieto ragionamento Bayesiano. La semplice osservazione del fatto che questi artifici sono tanto speciali, peculiari e non universali, mi sembra però dica subito che la strada da seguire non era quella pretesa.

L.J.Savage

Un articolo di Neyman [31], segnalatomi da un amico 18 anni or sono (se mi si consente una digressione per dire un ricordo personale), articolo che secondo l'amico era una esposizione di una teoria della statistica di una perfezione bellissima che poteva servirmi di guida nella ricerca scientifica, mi lasciò molto deluso per la frammentarietà delle regole adottate nei singoli casi, e la completa assenza di una regola, di un consiglio organico generale. Pur riconoscendo un valore ai singoli artifici in sè, ebbi fin da allora la netta percezione che un tal modo di impostare la ricerca era errato, mancandovi un principio direttivo universale. Ma da molti altri questa mancanza di unità è accettata come indicazione di una teoria realistica.

Quanto alla distinzione se si tratti di pensare o di agire in senso induttivo, è una questione che divide due punti di vista o due scuole distinte nel seno della concezione oggettivistica. La maggior parte degli statistici oggettivisti (la scuola che prende il nome da Neyman e Pearson) spiegano il rifiuto dell'impostazione bayesiana dicendo che non si tratta di fare un ragionamento induttivo, come in quella, bensì di costruire un modo di comportamento induttivo. In altre parole, si tratta di concepire il problema in modo empirico-economico, di convenienza di accettare certe ipotesi o prendere certe decisioni, come nel caso di collaudi in campo industriale. Tale idea è divenuta particolarmente netta ed effettiva con Wald, che ha recato un reale apporto alla statistica sottolineandone il concetto economico, e valorizzandolo realmente. Ma altri, e cioè in sostanza R.A.Fisher (con qualche seguace), si ribella a questo modo di concepire la statistica. Egli non nega l'importanza di possibili applicazioni pratiche della statistica a problemi commerciali o simili, ma sostie-

L.J.Savage

ne [10] che essa ha in generale il valore di un metodo, di un "process appropriate for drawing correct conclusions", che ha per scopo lo "improvement of natural knowledge", lo "understanding the scientific situation", e che ciò non può venir confuso o degradato al ruolo di un "organized effort" in vista di "technological performances" (come ritiene potrebbero pensare dei russi) o di uno strumento per "speeding production, or saving money" (come ritiene potrebbero pensare degli americani). Cioè Fisher pensa che c'è una statistica per la scienza pura ed una statistica per le decisioni pratiche e fa della separazione fra tali concetti una questione di "ideological difference". Ciò non mi pare giusto : penso invece che c'è una concezione unitaria molto bella e buona per tutte le applicazioni della statistica sia alle questioni pratiche che nel campo della scienza.

A parte la diversa posizione concettuale, si hanno delle differenze più o meno conseguenti fra le impostazioni delle due scuole. Ad es. Fisher ha presentato un certo argomento detto "fiduciale", in base a cui definisce tra l'altro un concetto di "intervallo fiduciale" che ha scopi analoghi a quello che Neyman e gli altri definiscono "intervallo di confidenza". I concetti sono ben - distinti, anche se talvolta i risultati coincidono e anche se non sempre la diversità è messa in evidenza da tutti gli autori; da rilevare inoltre che mentre in certi casi risulta chiaro ciò che Fisher intende per "argomento fiduciale" in altri non lo è. In particolare, nel suo ultimo libro [10], egli ha ripudiato la definizione generale basata sulle cosiddette "pivotal quantities" ("grandezze-perno") data in suoi scritti anteriori, perchè recentemente Tukey [45] aveva dimostrato che non era soddisfacente; tuttavia non sembra che, ripudiando la vecchia definizione generale, Fisher

L.J.Savage

suggerisca come rimpiazzarla con una nuova.

Nel seguito cercherò di tenere distinto ciò che si riferisce all'una scuola o all'altra, ma se parlerò di scuola oggettivistica senza ulteriore precisazione intenderò riferirmi a quella di Neyman e Pearson.

La terza questione, sull'estensione da dare al campo della statistica, è strettamente connessa alle due già trattate, come appare chiaro anche dalle considerazioni seguenti che intendono chiarirla.

Definendo la statistica come la lotta contro l'incertezza, ho cercato di afferrare in un aforisma l'essenza intellettuale, o filosofica, dell'argomento. Naturalmente, non è detto che gli statistici o i loro trattati possano essere utilmente consultati in dettaglio riguardo ad ogni problema pratico d'induzione o di comportamento di fronte all'incertezza. Per esempio, la statistica, nella sua accezione corrente, può contribuire ben poco (salvo con principi molto generali) al problema della valutazione dell'evidenza (indizi, prove e testimionanze) in un giudizio penale. Molti, ed io fra questi, ritengono che esista una fondamentale unità nella lotta contro l'incertezza, e che uno sguardo al problema nella sua interezza costituisca la via migliore per giungere a quei problemi speciali che sono stati e potranno continuare ad essere i soli ai quali la teoria statistica può portare contributi concreti. M.S.Bartlett ha spesso insistito invece (oralmente, ed anche - credo - in qualche scritto) che vorrebbe vedere riservato il nome "statistica" (almeno fin dove si tratta di lotta contro l'incertezza e non di argomenti quali la meccanica statistica) al campo in cui gli statistici normalmente lavorano. Questa disputa in fatto di nomenclatura non ha quasi importanza per noi qui, ma il modo

L.J.Savage

di rispondervi di ciascuno dipenderebbe da quanto la demarcazione

gli sembra precisa e da quanto egli crede nell'unità generale e

l'apprezza.

Cos'è che demarca il campo dell'attuale pratica statistica da

quello generale della lotta contro l'incertezza? Anzitutto, lo sta-

tistico si preoccupa dei problemi di come raccogliere e pesare l'e-

videnza. Ma ciò non è certamente tutto, perchè, ad esempio, gli

statistici raramente possono rendersi utili ai detectives o ai giu-

rati. Il tipo di evidenza in cui gli statistici si specializzano

è quello che tende ad avere la proprietà illustrata dall'esempio

seguente. La probabilità di ottenere un certo risultato (diciamo,

un campione di 103 romani maschi di cui 7 fumatori di pipa) dipen-

de da uno stato di cose sconosciuto (cioè, dalla frequenza $\emptyset$ di

fumatori di pipa fra tutti gli uomini romani) in modo che risulta

chiaramente specificato ed è il medesimo per tutti coloro che si

occupano del problema in oggetto. (P.es., in circostanze adatte, si

potrà accettare che la probabilità di un campione di 103 unità di

cui 7 fumatori sia $\binom{103}{7}\emptyset^7 (1-\emptyset)^{96}$). Per gli oggettivisti sareb-

be necessario conoscere l'esatto valore (per ogni $\emptyset$) di tale pro-

babilità e delle analoghe relative a tutti i possibili numeri di

fumatori r da 0 a 103; per i soggettivisti e per qualche altro

statistico come R.A.Fisher sarebbe sufficiente sapere che tale

probabilità è proporzionale a $\emptyset^7 (1-\emptyset)^{96}$ senza specificare la co-

stante di proporzionalità, ma vedremo che non tutti gli oggetti-

visti concordano su questo punto importante). Succintamente, ma

alquanto tecnicamente, il contrassegno dei problemi statistici

pratici sembra sia l'esistenza di una funzione di verosimiglian-

za ragionevolmente ben definita e accetta alla persona o alle per-

sone interessate alla questione. Al contrario, se un inflessibile

132

L.J.Savage

oreditore si trova picchiato a morte presso l'abitazione di un
suo debitore insolvente, c'è indubbiamente una presunzione di
colpevolezza per quest'ultimo, ma è difficile dire in quale misura e più ancora ottenere una concordanza di valutazioni al riguardo.

E' ben noto tuttavia che giudizi personali sull'incertezza,
ossia giudizi di probabilità soggettiva, intervengono spesso in
ogni specie di decisioni, ed anche in quelle riguardanti proget-
ti di esperimenti. Quanto ad esempi familiari di comportamento
di fronte all'incertezza, basti ricordare quello classico della
decisione se uscire con o senza ombrello. Ciò dipende da elementi
soggettivi, o personali, cioè giudizi di valore (peso che dò al
prendermi un bagno fuori programma o al trascinarmi dietro un i-
nutile ingombro) e di probabilità (che piova o non piova, o che
piova più o meno a lungo e fortemente).

Quanto al caso di esperimenti, ed anche di esperimenti statistici, si deve pur sempre decidere, in modo più o meno soggettivo, fra altre cose anzitutto se valga la pena di farlo. E ciò
è riconosciuto, in un linguaggio o in un altro, pure dalle mas-
sime autorità nel campo della probabilità oggettiva. Per es. pensiamo che si volesse progettare l'esperimento di misurare la velocità della luce coll'apparecchio che si può improvvisare qui in
villa o cogli strumenti di Galileo; nella mia opinione questo e-
sperimento non ha valore perchè nella mia opinione la velocità
della luce è vicino a 3.10^{10} cm/sec; e coi detti strumenti trove-
rei velocità effettivamente infinita. Anche se disponessi di strumenti più perfetti, conoscendo che la velocità è già ben misurata, riterrei inutile la fatica se non a patto di disporre di strumenti veramente nuovi e promettenti di essere superiori a quelli

L.J.Savage

attualmente esistenti.

Ancora, in ogni applicazione della statistica c'è sempre più o meno un modello della situazione, e l'accettazione di ciascuna impostazione è sempre basata su di un giudizio personale.

Abbiamo visto che c'è un accordo nel ritenere che valutazioni personali entrino nel giudizio di valore come pure nella probabilità della riuscita o del progetto di un esperimento. Ma, secondo gli oggettivisti, questi giudizi non devono entrare nell'analisi dei dati. E ciò dà luogo a ben note difficoltà che gli oggettivisti tentano superare in questo modo.

Nell'analisi di un insieme di dati riguardanti un campo sul quale già conoscò qualche cosa, si proponga di scrivere quanto conosco, prendendo pure queste conoscenze come dati, e di poi si faccia l'analisi del tutto in senso oggettivo. A prima vista questo precetto può sembrare corretto e pratico; l'esperienza dice però che esso è poco realistico - ed infatti non è quasi mai praticato - e precisamente per due motivi:

I) E' spesso quasi impossibile elencare tutti gli elementi che entrano nella questione;

II) Dato che sia possibile elencare tutto, viene maggiormente in luce come la scuola oggettivista non è in grado di dare i consigli oggettivi di cui si vanta; cioè non esiste questo apparecchio rigido, perfetto, universale, per arrivare a tutte le conclusioni giustificabili di fronte all'incertezza.

Non cerco di dimostrare qui che non esiste: mi basta dire che non lo conosco, che non è in evidenza, che le cose offerte non servono. Il che dimostrerò nell'esempio seguente e in altri esempi nel corso. Questo primo esempio dimostra in che modo gioca il giudizio personale nell'analisi di un esperimento. Se mi si consente

L. J. Savage

un riferimento personale, aggiungerò che presentai questo esempio circa dieci anni or sono, in occasione del mio primo corso di statistica. A quell'epoca tutti gli americani - e anch'io - erano immersi nel punto di vista oggettivo. Si pensava di risolvere il problema della statistica proprio nell'ambito della concezione oggettiva, tenendo conto degli innegabili risultati che già esistevano e cercando di migliorare gli strumenti di cui si disponeva. Il pensiero era quello di progredire sulla via intrapresa per giungere - alla soluzione ideale. Ma tutto il progresso realizzato per quella via si può paragonare al progresso che mira al moto perpetuo.

L'esempio consiste nel presentare tre esperimenti isomorfici, ma che concernono tre diversi campi.

I) Una signora (famosa per la statistica come la "signora di Fisher") afferma di riuscire a distinguere dal sapore se è stato versato il latte nel the, o il the nel latte. Si fanno 10 esperimenti con 10 coppie di tazze, e la signora riesce in ciascuno degli esperimenti.

II) Un esperto tedesco di musica del XVIII secolo afferma di riuscire a distinguere se una pagina di musica è di Haydn o di Mozart. Si fanno 10 esperimenti e tutti danno ragione all'esperto.

III) Incontriamo in viaggio un ubriaco che si dice capace di indovinare tutto, e per esempio di dire se, mettendo una moneta contro il braccio, questa è testa o croce. Avendo tempo da perdere, accettiamo di fare l'esperimento, e questo, ripetuto 10 volte, riesce tutte le 10 volte in favore dell'affermazione dell'ubriaco.

Tutti e tre gli esperimenti consistono nell'indovinare 10 volte su 10 coppie di risultati, ed hanno pertanto lo stesso livello di significatività, per il loro risultato oggettivo, nel senso che in tutti si ha la stessa probabilità che la coincidenza si verifi-

L.J Savage

ohi qualora la si attribuisoa "al oaso" (come se si fosse scelto a
ogni colpo giocando a testa e croce), Però i 10 risultati, identi-
ci nei tre oasi, non mi parlano sempre collo stesso linguaggio. E
ciò non è paradossale, perohè nei tre oasi entrano diverse informazioni.

Quando io esprimo un giudizio determinato ciroa la conclusione da trarsi da ciasouno dei tre esperimenti, non pretendo di ricavare una proposizione valida per tutti, ma di dare un esempio
del ragionamento di una persona partioolare: io stesso. Ma penso
tuttavia ohe, a presoindere da possibili differenze nelle singole
valutazioni personali, ogni individuo giudioherà seguendo questo
medesimo modo di pensare.

Di fronte al primo esperimento, non mi sembra molto probabile
ohe questa differenza di sapore sia peroettibile perohè il risultato della mescolanza mi pare ohimioamente identico e il mio gusto
è inoapaoe di rilevarla. Ma so però quali sorprese può riservare
la ohimioa, e anoora so ohe tanti inglesi pensano come quella signora. Tutto sommato ritengo inizialmente acoettabile anohe se pooo verosimile ohe quella signora possa avere ragione: dopo l'esperimento la mia opinione in favore di quell'ipotesi sarà molto rin-
forzata.

Di fronte al seoondo esperimento, penso ohe io pure, senza
essere uno specialista, riesco in genere a distinguere la musioa
di questi due autori. L'esperto è uno studioso, studia proprio
questo periodo di musioa. Dioe ohe può fare una cosa, l'ha fatta.
In partenza io ero ben disposto a oredere; dopo l'esperimento sono maggiormente convinto a oredere ohe egli può fare quanto afferma di poter fare.

Di fronte al terzo esperimento, penso ohe l'ubriaoo pretende

L.J.Savage

di avere un'abilità ohe io non reputo oredibile. Vedendo il buon
risultato, o.dioo ohe o'è qualohe artificio, o, esoludendo questa
eventualità, oonoludo ohe si è verifioato per oaso un fatto eooe-
zionale. Ma non cambio peroettibilmente la mia opinione di partenza oioè l'inoredulità verso quanto sostiene quell'ubriaoo.

Questo esempio illustra l'errore della teoria oggettivista.
Come si vede il livello di signifioatività dei tre esperimenti,
dice ben pooo di fronte alle oonolusioni ohe ne trae un osserva-
tore, mentre seoondo la souola oggettivista, questo livello e-
spresso in oifre dovrebbe dire tutto.

Per tali ragioni affermo ohe la souola oggettivista non è
riusoita e non può riusoire. Non intendo tuttavia dimostrare qui
ohe essa non può in aloun modo riusoire; mi sembra più interessante mostrare ohe non è riusoita, e mostrarlo conoretamente, illustrando - oome detto - molti esempi nei quali essa non riesoe a
dare una risposta soddisfaoente mentre quella soggettiva riesoe.

Sotto un certo aspetto, il programma soggettivistico può sembrare oome un oompletamento o una amplifioazione del programma
oggettivistioo, piuttosto ohe una oritioa distruttiva del medesimo. In molti problemi di statistioa teorioa oggettivista, ohi usa
della statistioa è lasoiato libero di soegliere fra una varietà
di prooedimenti sulla base di oome quelli funzionano.[1] La soel-

---

[1]
    Usando notazioni e loouzioni ohe verranno sistematioamente in-
trodotte in seguito (§6) dioesi "oaratteristioa operazionale"
(operating oharaoteristio) di un test z la funzione $M(z|\lambda)$ ohe
rappresenta la probabilità di aooettare l'ipotesi nulla, usando il
test z , supponendo ohe sia λ il valore vero del parametro inoo-
gnito. Limitandosi al oaso della diootomia semplioe (§4) la oaratteristioa operazionale si riduoe alla funzione ohe assume i
due valori $1 - \beta$ in oorrispondenza di H_o ed α in oorrispondenza
di H_1.

   [1] La probabilità contraria (ossia il complemento, $1 - M(z|\lambda)$,
della oaratteristioa operazionale) si ohiama *potenza* del test
("power funotion"); evidentemente è indifferente parlare dell'u-
na o dell'altra.

L.J.Savage

ta fra varie possibili caratteristiche operazionali è considerata
dagli oggettivisti quale materia soggettiva, qualcosa che chi usa
della statistica deve decidere da se stesso. Essere un soggettivista anziché un oggettivista consiste in gran parte nel riconoscere
che queste scelte soggettive, lasciate aperte dalla teoria oggettivista, possono essere discusse nel miglior modo in termini di
probabilità soggettiva. Questo punto è particolarmente ben illustrato, su piccola scala, dalla discussione della dicotomia semplice nel Capitolo 4. Il concetto di probabilità soggettiva non solo facilita il confronto fra le caratteristiche operazionali, ma
di fatto porta direttamente a procedimenti ottimi, o almeno soddisfacenti, senza il passo inutilmente tedioso consistente nel passare in rassegna tutti i procedimenti possibili, o almeno quelli
tra essi chiamati ammissibili.

Non pretendo che la tesi che sostengo, del fondamento soggettivo della statistica, sia originale. L'idea di probabilità soggettiva che ha radici in un passato più lontano, ha ricevuto forme
assiomatiche coscienti e chiare in lavori relativamente recenti di
(in ordine cronologico) F.P.Ramsey [38], B.de Finetti [7], B.O.
Koopman [16]-[18], I.J.Good [12]-[13]. La mia produzione sull'argomento della probabilità soggettiva si è sviluppata sotto l'influsso
dei predetti studiosi, che io ho letto e meditato cercando poi di
rielaborarne le idee nel mio libro. Ma i primi scritti riguardano
l'aspetto filosofico e le questioni generali, trascurando in genere le applicazioni effettive, tecniche, nel campo della statistica
(salvo in Good). Di ciò si occuparono altri autori, in particolar
modo D.V.Lindley [25]-[26], P.Whittle [48]-[49], R.Schlaifer [42];
voglio ancora menzionare Molina, che, durante il periodo del più
intransigente dominio della scuola oggettivistica, continuò ad ap-

138

L.J.Savage

plicare concetti soggettivisti nello studio di problemi di inge-
gneria e simili nonostante l'incomprensione e l'isolamento cui ciò
lo esponeva [28]-[30].

E dobbiamo infine menzionare qui H.Jeffreys [14], che non è
soggettivista, ma tuttavia ha sviluppato considerazioni utilizza-
bili per l'impostazione di molti problemi in senso soggettivo. E-
gli era un logico: attribuiva cioè alla probabilità un significato oggettivo ma di natura logica e non empirica (facendolo derivare cioè da simmetrie o simili ragioni "a priori", e non da frequenze); egli crede pertanto che una distribuzione di probabilità, alla luce di determinate conoscenze, abbia un valore assoluto privilegiato (come nell'originaria impostazione di Bayes e nella trattazione di Laplace). Ma comunque egli si appoggia all'impostazione
bayesiana (probabilità iniziali da cui discendono probabilità finali), e ciò rende valide le deduzioni se la sua distribuzione iniziale si accetta (esattamente o approssimativamente), non importa
se per motivi soggettivi anziché per quelli della sua concezione
logica. In tutt'altro senso, devo aggiungere ancora che i lavori
già menzionati di Wald hanno pure contribuito, involontariamente,
a superare la prevenzione degli oggettivisti contro l'impostazione bayesiana. Egli ha infatti considerato aspetti e trovato risultati che in parte riconducono a tale impostazione; inoltre, contro
il precedente frammentarismo, egli ha anche tentato, come vuole la
teoria soggettiva, di creare un certo sistema universale. A tale
effetto ha però presentato e impiegato la regola del "Minimax",
che (come vedremo, §4) è lontana dal soddisfare le esigenze di
coerenza cui i soggettivisti ritengono doveroso ispirarsi.

L.J.Savage

3.- PROBABILITA' PERSONALI E DECISIONI.

Il vantaggio di usare il termine "probabilità personale"
(anzichè "soggettiva") è di ragione psicologica, per la migliore
accettazione di un tale discorso specie nell'ambiente americano
ed inglese.

Sebbene questo concetto di probabilità personale venga poi
illustrato ampiamente nel corso parallelo del prof.de Finetti, è
necessario dire qualche cosa sul medesimo al fine di intenderci
nelle applicazioni che intendiamo farne. Per introdurre questo concetto abbiamo diverse vie.

Cominciamo col parlare di una persona che (seguendo la convenzione adottata da Good, al fine di richiamare a riflessioni personali) chiamiamo "tu". Ciò posto: io dico che per "te" gli avveni-
menti sono più o meno probabili in un senso economico relativamente preciso. Per esempio: per me la probabilità che al 1° Marzo
1960 qui al lago di Como ci sia neve è più grande di quella di ottenere testa per quattro volte successive gettando questa moneta.
Cosa significa questo? Significa che se ad esempio mi si presen-
tasse una fata e mi offrisse un premio di 100.000 lire da asso-
ciare in mio favore all'una o all'altra delle due alternative: neve qui al 1° Marzo 1960, o verificarsi successivo di quattro teste
nel lancio di questa moneta, io assocerei questo premio alla prima alternativa. "Tu" forse no, in quanto sai che qui non c'è mai
neve, oppure non conoscendo niente hai opinioni diverse dalle mie.
Questo è caratteristico della situazione in quanto la probabilità
personale è propria della persona che viene presa in considerazione.

Si vede come in questo modo si possa parlare del confronto
tra le probabilità relative a ciascun paio di eventi: per "me",

L.J.Savage

per "te", per "lui", per "quell'altro", etc.; ossia c'è una rolazione fra eventi che possiamo chiamare "non più probabile di". Questa relazione gode di alcune proprietà.

Anzitutto dovrà essere transitiva: A non più probabile che B, e B non più probabile che C, implica A non più probabile che C. In realtà, una persona reale si trova spesso indecisa o vacillante, di fronte a scommesse o altre potenziali decisioni economiche. Inoltre, anche ove uno non ha indecisioni nè si trova vacillante, può esprimere preferenze che sono incoerenti, ossia, preferenze che ognuno (inclusa naturalmente la persona stessa) riconoscerebbe mutuamente incompatibili, allorquando vengono poste in luce reciproche relazioni. Per esempio, pur potendo una persona dire in serrate occasioni che essa preferisce gli spaghetti ai rigatoni, i rigatoni ai ravioli e i ravioli agli spaghetti, non esiste una interpretazione significativa secondo la quale una persona possa realmente avere tutte e tre queste preferenze contemporaneamente. (Se per caso incontri uno che dice seriamente che egli costituisce un controesempio, trattalo con gentilezza e rispetto, perchè egli ti fornirà una sorgente illimitata di reddito pagandoti qualche soldo per sostituire con rigatoni i suoi spaghetti, poi sostituire con ravioli i rigatoni appena ottenuti, infine con spaghetti questi ravioli, e così via).

Esistono altre proprietà di questa relazione che non interessa qui sviluppare o comunque di esaurire. Per esempio: se C è incompatibile sia con A che con B, allora A è meno probabile di B se e soltanto se l'unione di A e C è meno probabile che l'unione di B e C.

A parte queste ultime precisazioni è possibile sotto certe assunzioni avere una probabilità numerica ben articolata con questo

L.J.Savage

rapporto qualitativo fra eventi. E' noto cosa s'intenda per eventi
nella interpretazione effettiva della teoria delle probabilità; da
un punto di vista formale sono elementi di un'algebra di Boole per
i quali si può considerare l'operazione di unione e intersezione,
e per ciò è possibile e spesso praticata l'interpretazione come insiemi A di "punti" ω di uno spazio astratto Ω . E' noto pure cosa
si intende per probabilità matematica: una funzione P definita nel
campo degli insiemi nel seguente modo :

$$P(A) \geq 0 \qquad \text{(essendo A un insieme)}$$

$$P(\Omega) = 1 \qquad \text{(essendo } \Omega \text{ l'insieme totale)}$$

$$P(A+B) = P(A) + P(B) \quad \text{(essendo A e B disgiungi)} \tag{1}$$

Ci si può chiedere se questa funzione sia completamente additiva o meno, ma questo non entra nell'ambito delle attuali considerazioni; come non entrano nell'attuale interesse tante altre
precisazioni che omettiamo, ma che il de Finetti espone nel §6
delle sue lezioni [8].

La definizione matematica sopra esposta nulla ci dice sul
senso del concetto di probabilità. Per esempio si può parlare della massa concentrata in certi sottoinsiemi di punti di un oggetto prendendo come unità la massa di tutto l'oggetto; e abbiamo così una probabilità matematica in quanto sono soddisfatte le rela-

____

(1)
    Uso il simbolo + per la "somma logica" o "unione" per unifor-
mità con le notazioni usate nel corso; però è sempre più diffuso
l'uso dell'apposito simbolo ∪ (e di quello simmetrico ∩ per il
"prodotto logico" o "intersezione"), ed è utile indicare alcune ragioni che raccomanderebbero tale notazione. In qualche ramo della
matematica (come la teoria della misura sui gruppi) interviene anche la somma di insiemi in senso algebrico, e ciò creerebbe ambi-
guità. Più importante ancora il fatto che unione e intersezione
sono tra loro perfettamente duali in un senso che non vale per somma e prodotto. E' vero che nel linguaggio ordinario l'unione del-
l'insieme delle pecore e dell'insieme delle capre è l'insieme ottenuto "sommando" insieme tutte le pecore e tutte le capre; ma ciò
non sembra sufficiente a giustificare la più vecchia notazione.

L.J.Savage

zioni formali suddette.

Però dal punto di vista concettuale non pretendiamo che la
probabilità sia sinonimo di massa, nè sia comunque univocamente
determinato. Così nell'esempio non si dovrebbe parlare della probabilità, ma di una probabilità e, più precisamente ancora, di
una funzione di probabilità.

Più tardi, quando avremo adottata una o l'altra funzione di
probabilità potremo dire "la probabilità", intendendo con questo
significare la funzione P adottata. Cosa significa dire che una
funzione P di probabilità è *bene articolata* con una relazione di
probabilità qualitativa? Significa che la relazione "A è non più
probabile di B", che scriveremo A≤B, sussiste se, e solo se, la
probabilità di A, P(A), non è maggiore della probabilità di B,P(B)

In formule $A \leq B = P(A) \leq P(B)$.

Si noti che si è usato un medesimo simbolo per due significa-
cati diversi: nel primo è una relazione fra eventi nella estimazione di una persona, nel secondo è l'ordinaria relazione di disuguaglianza fra numeri reali. Può succedere che quella relazione
sia perfettamente articolata, in tale senso, con una certa funzione P sotto certe ipotesi, abbastanza naturali, avviene anzi
che esista un P ed uno solo che governa la probabilità qualitativa nel senso della precedente relazione. Quando questo succede
torna comodo pensare e parlare di probabilità quantitativa.

Come si giunge a questo tipo di articolazione?

Consideriamo ad esempio la possibilità di giocare a testa
e croce con una moneta. Pensiamo di lanciarla 10 volte. Otterremo un numero binario, per es. 0100110101, dove 0 vuole dire testa
ed 1 croce; "Tu" sei sicuro che la moneta scriverà un numero sul
tipo di quello scritto. Se io ti domando: "Fra tutti i(2^{10}, ossia

L.J Savage

1024) possibili numeri di 10 cifre del sistema binario, quale secondo te ha maggior probabilità di venire scritto da questo modo
di giocare con una certa moneta?" può darsi che mi dica : "per me
tutti sono uguali, non ho preferenza alcuna, non c'è alcuna ragione di sceglierne uno piuttosto che un altro". Può darsi invece che
tu mi dica: "ho fatto esperimenti con questa moneta da cento lire
ed ho visto che, su quattrocento colpi, trecento danno testa, (o
su quattrocento colpi, trecento danno croce) e quindi per me una
successione di 0000000000 (oppure di 1111111111) è più probabile
che non qualsiasi altra".

Però è da notarsi che nella pratica è possibile provvedersi
(ad altissimo grado di approssimazione) di una moneta giusta in
senso classico, ossia di una moneta con la quale per te, ad ogni
successione di n colpi, le 2^n possibili permutazioni di testa e
croce hanno la stessa probabilità.

E comunque, anche usando una moneta difettosa, si può fare
in modo da definire, sia pure in modo più artificioso, esperimenti che generano successione di 0 o 1, su cui quasi tutti si trovano d'accordo nel giudicarle equiprobabili (per esempio, si regi-
stri 0 per TC , 1 per CT , e niente per TT e CC). Ed allora si ha
un accordo pratico il che è molto importante per la statistica.

Per semplicità però, senza più pensare alla possibilità considerata in questa digressione, diciamo che tu hai accettato questa moneta come perfetta nel senso classico, così che tutte le successioni di lancio sono ugualmente probabili.

Adesso per misurare con una certa accuratezza la probabilità
numerica per te dell'evento, diciamo, che ci sia neve a Roma talvolta nell'anno prossimo, basta confrontare qualitativamente questo evento A con gli eventi A_x . $(x = m2^{-10} = m/1024; m = 0,1,...,1024)$

L.J.Savage

consistenti nell'ottenere, con 10 lanci di quella moneta, un numero binario $\leq$ m .

In principio, tu puoi così misurare $P(A)$ con una precisione
fino al 1024^{-esimo} o, impiegando successioni più lunghe, misurar-
la con esattezza arbitraria (e si noti l'utilità di considerare
2^{10} essendo 1024 $\simeq$ 1000). Ma, nella pratica, tu non hai una conoscenza sufficiente di te stesso per eseguire queste misurazioni
con esattezza arbitraria, o anche solo con esattezza sufficientemente grande. Questa mancanza di perfezione, spesso molto larga,
dà luogo ad un problema serio per la statistica, e costituisce
realmente la critica più importante degli oggettivisti.

Anche quando gli oggettivisti non tacciano il concetto di
probabilità soggettiva come un nonsenso (e invero pochi di essi
si esprimono ancora in tal modo), affermano di conoscere le proprie probabilità iniziali così indistintamente da non poter far
uso del teorema di Bayes. Si vedrà, specialmente nelle ultime lezioni di questo corso, come sia spesso possibile arrivare a distribuzioni finali abbastanza precise anche quando la distribuzione iniziale è specificata solo vagamente. Il vero difetto della critica degli oggettivisti riguardo alla scarsa specificazione
delle distribuzioni iniziali consiste nel fatto di lasciar supporre implicitamente che essi conoscono qualche via per superare
la difficoltà. Invece, in ogni caso in cui la distribuzione iniziale sia tanto debolmente specificata da non giustificare un'a-
zione ragionevolmente ben specificata, non c'è nessuna via per giustificare una tale azione. Le formule degli oggettivisti, in siffatte circostanze, conducono soltanto ad un'azione non giustifi-
cabile, scelta in modo arbitrario.

Con questo si ha una descrizione della probabilità personale.

L.J.Savage

Si può pensare che questa è più o meno accettabile, o che ci sono altri modi di introdurre la probabilità. E' noto infatti che esistono altre teorie in cui si considera la probabilità come oggettiva, e possiamo domandarci come abbia avuto origine il concetto di oggettività. La nostra spiegazione è la seguente: quando ci sono molte informazioni o dati ricavati da esperimenti, questi hanno una tendenza sistematica - tramite il teorema di Bayes - a far convergere le opinioni. A prima vista sembra naturale assumere come verità ciò cui convergono le opinioni, ma questo passo (a parte il senso più o meno metafisico) risulta matematicamente non giustificato in base a un'analisi più approfondita, dato il carattere *non uniforme* di tale convergenza. Tuttavia, per convenienza, io stesso impiegherò spesso liberamente il linguaggio che riflette tale interpretazione oggettiva, pur senza prenderlo alla lettera: precisamente, parleremo di oggettività nel senso di un quasi totale accordo di opinioni. Ciò è conseguenza della natura stessa della statistica, nella quale - a differenza di quanto avviene in altre applicazioni del calcolo delle probabilità - operano tali convergenze di opinioni. Non voglio qui entrare maggiormente nel merito delle discussioni che si potrebbero fare sull'argomento.

Mi limito a ripetere che, come ho già confessato, il concetto di probabilità personale, pur con le sue imperfezioni, è per me in principio il solo concetto di probabilità che c'è. E infatti, come mostrato nelle considerazioni precedenti, anche le valutazioni "oggettive" basate sulle frequenze e sulla simmetria trovano spiegazione in questa luce.

Se trovo tuttavia, come ho detto, che anche il concetto di probabilità soggettiva non è perfetto, credo che l'imperfezione

L.J.Savage

consista nel fatto che una teoria matematica e precisa pretenda
di descrivere un fenomeno impreciso. Si potrebbe discutere se tale imperfezione sia effettivamente un'imperfezione e se essa non
riguardi più in generale tutte le applicazioni della matematica.

Comunque non voglio soffermarmi su questo punto, ma invece
riprendere l'impostazione già accennata (nella quale c'è uno spazio Ω di punti ω e gli eventi A,B, etc. sono dei sottintesi di
Ω); per vedere come vi si possa descrivere la situazione di una
persona che deve effettuare una scelta di fronte all'incertezza.
Quando scelgo una strategia - cioè una regola di azione, un modo
di comportarmi - vuol dire che a ciascun ω associo una decisione
o azione particolare ben determinata, la quale mi procurerà inital
caso un guadagno f . Questo guadagno può essere valutato in diversi modi, e meglio sarebbe parlare di "utilità", ma suppongo
per il momento che possa semplicemente esprimersi con una somma
di denaro.

Con ciò ogni azione può essere rappresentata da questa leg-
ge che associa un valore ad ogni ω; indico con $f^{(2)}$ una tale legge.

Qualora si debba scegliere fra due azioni f e g , dò il seguente criterio: calcolo le medie di f e di g - cosa possibile se
si tiene conto che si suppone di avere già valutato la probabilità soggettiva degli eventi di Ω - e scelgo f se la media di f è
maggiore di quella di g .

Questo ragionamento è semplicistico; infatti, in base ad esso
non si dovrebbero contrarre assicurazioni. E' per essere più e-
satti e realistici che è stata concepita da D.Bernoulli [2],1738,
la teoria dell'utilità (ma, come detto, preferisco prescindere
da simili sottigliezze).

Riprendendo, un tale procedimento dà un modo di definire

----
(2)
    La sottolineatura ondulata ($\sim$) indica elementi aleatori.

L.J.Savage

la probabilità, il quale è molto importante per facilitare la com-
prensione del ruolo che la probabilità gioca nella statistica.
La cosa può esprimersi così: se io sono disposto a scommettere
10 contro 1 in favore di A e ugualmente contento di accettare
scommessa inversa, ciò significa che per me

$$\frac{P(A)}{P(\bar{A})} = 10 \quad .$$

Nel seguito indicheremo rapporti di questo tipo con il termine inglese "odds". Naturalmente, ne segue $P(A) = 10/11$ e $P(\bar{A}) =$
$= 1/11$; in generale lo "odds"a, data la probabilità p, è
$a = p/(1-p)$, e inversamente, dato a, è $p = a/(1+a)$; è indifferente
scegliere l'una o l'altra forma per esprimere una probabilità.

L.J.Savage

4.- DICOTOMIA SEMPLICE.

Passo ora a trattare un capitolo di particolare importanza per lo svolgimento di questo corso: il capitolo della dicotomia semplice.

Questo è l'esempio classico per discussioni teoriche in statistica. Esso è molto semplice e alcuni sostengono che questa stessa semplicità e la sua scarsa aderenza alla realtà ne inficiano il valore. Di solito infatti costituisce una semplificazione troppo spinta distinguere due sole alternative mentre per un'impostazione più realistica queste andrebbero suddivise considerando una più larga gamma di ipotesi. Nonostante questa semplicità, io, come molti altri statistici teorici, prendo questo esempio come oggetto di una lezione - in un certo senso generale - sulla statistica. Discutendo questo esempio dò in piccolo un corso di statistica perchè esso investe molti dei problemi fondamentali: otterremo così delle conclusioni che si potranno generalizzare, sia pure, naturalmente, con circospezione.

Una dicotomia semplice è caratterizzata da due eventi fondamentali o ipotesi A e B, con $B = \bar{A}$ - cioè A e B esauriscono l'ambiente ed hanno intersezione vuota - e da due azioni f e g appropriate rispettivamente per A e B. Con la locuzione f è appropriata ad A intendo che $M(f|A) > M(g|A)$.

Notate che non voglio introdurre subito le probabilità iniziali P(A) e P(B), volendo appunto metterci dal punto di vista oggettivistico onde poter vedere fino a quale punto questa interpretazione è valida e renderci conto come le dette probabilità iniziali intervengano in maniera del tutto spontanea come un naturale completamento della teoria oggettivistica. Come, del resto, già si è detto, l'intera teoria soggettiva può esser vista come

L.J.Savage

un tale naturale complemento attraverso tutto il campo della statistica.

Di solito si chiama "accettazione di A" e "rifiuto di B" l'atto appropriato nel caso A, e viceversa per l'atto appropriato nel
caso B. Detto ciò risulta naturale parlare di sbaglio o errore;
dirò che si commette un errore di prima specie se accetto B veri-
ficandosi A (cioè essendo A la verità), di seconda specie nel caso contrario.

Connessa con una strategia c'è una probabilità (condizionata) α di accettare B se A è l'ipotesi vera e una probabilità (condizionata) β di accettare A se B è l'ipotesi vera. E' generalmente
e giustamente ammesso che una persona può valutare la strategia a-
dottata in base alla coppia (α, β).

Nei problemi che concernono la statistica la scelta di A o
di B è presa dopo un esperimento, cioè dopo effettuata un'osservazione riguardante un numero aleatorio $x(\omega)$ - più brevemente ed accuratamente x - prima di fare la scelta. L'argomento della mia ricerca si riduce allora alla scelta di una regione R nello spazio
dei valori di x, tali che si accetti l'ipotesi A se e solo se $x \in R$.

Dato un esperimento, cioè le due distribuzioni $P(x|A)$ e
$P(x|B)^{(1)}$, si può formulare una politica o una strategia cioè un
criterio di scelta per A o per B alla luce dei valori di x; ciò
può essere espresso dicendo che c'è una funzione $c(x)$ che prende
valori 0 e 1, annunciando che $c = 1$ significa accettare A e rigettare B, e viceversa quando $c = 0$. Ho già espresso questa strategia
in termini di una regione di accettazione R (accettando A quando
$x \in R$); le due formulazioni sono ovviamente equivalenti; $c(x)$ altro non è infatti che la "funzione caratteristica" di detto insie-

____

(1)
   Supporremo intanto per semplicità che le distribuzioni siano
discrete.

L J.Savage

me R.

Mediante c, le probabilità di errori di II^a e I^a specie si e-sprimono rispettivamente come media di c dato B e di $\bar{c}$ dato A, cioè

$$\beta = M(c|B) \quad ; \quad \alpha = M(\bar{c}|A) \quad ; \text{ con } \bar{c} = 1 - c \, . \tag{2}$$

Sottolineo che l'insieme dei valori possibili per x è lar-gamente arbitrario in quanto dipende dal tipo di esperimento che si introduce: può trattarsi dei punti di uno spazio lineare, di u-na sfera, di un insieme astratto. Per semplificare supponiamo che l'insieme dei valori possibili per x sia finito; una tale restri-zione non è una restrizione concettuale ma solo di carattere mate-matico. In tale ipotesi possiamo parlare della probabilità di x dato A, $P(x|A)$, e analogamente di $P(x|B)$. Ricordo ora che per rap-porto di verosimiglianza di B rispetto ad A si intende

$$\gamma(x) = \frac{P(x|B)}{P(x|A)} \quad ;$$

il fatto che $\gamma(x)$ sia molto grande costituisce intuitivamente e realmente un elemento favorevole per l'accettazione di B e non di A.

Aggiungo a parte o sottovoce che se, contrariamente a quanto abbiamo supposto, noi avessimo valutato inizialmente le probabili-tà P(A) e P(B), ossia certi "odds" di B contro A, P(B)/P(A), dopo l'osservazione di x i nuovi "odds" di B contro A si costruirebbe-ro in questo modo semplice e suggestivo: moltiplicando gli "odds" iniziali per $\gamma(x)$.

Qualora non si disponga di una fonte di informazione quale è l'esperimento che dà luogo al numero aleatorio x non si hanno molte possibilità di scelta per la coppia (α, β). Si può ad esem-

---

(2) Seguo qui e nel seguito la convenzione, utile in molti proble-mi di probabilità, di indicare con sopralineatura il complemento all'unità : $\bar{c} = 1-c$, $\bar{\alpha} = 1-\alpha$, $\bar{\beta} = 1-\beta$, ecc.

L J.Savage

pio scegliere sempre A, allora $\alpha = 0$ e $\beta = 1$ o scegliere sempre B,
allora $\beta = 0$ e $\alpha = 1$. Inoltre sono sempre possibili le coppie tali
che $\alpha + \beta = 1$ perchè queste si possono ottenere con l'introduzione
di un esperimento non legato alle ipotesi A e B, quale il lancio
di una moneta $(\alpha = \beta = \frac{1}{2})$, di più monete, ecc.

Noi però ci interessiamo specialmente al caso in cui esista
un esperimento e quindi un numero aleatorio x, e consideriamo le
probabilità condizionate $P(x|A)$ e $P(x|B)$. Queste probabilità condizionate sono soggettive come tutte le altre, ma, in molti casi
importanti che caratterizzano un senso relativamente stretto della statistica in confronto con l'intuizione più generale, sul loro valore concordano quasi tutte le persone interessate.

A proposito di queste probabilità condizionate può aggiungersi che per ciascun valore x, qualora il numero aleatorio x non sia
discreto, esse valgono zero; come esempio si può considerare quello della misurazione di una lunghezza con uno strumento che dia errori con distribuzione continua: la misura è un numero reale e ciascun numero reale ha probabilità uguale a zero di essere osservato come misura della lunghezza in esame. A questo riguardo si potrebbero fare molte osservazioni critiche (la realtà è molto più
semplice del modello) o ricorrere ad artifici matematici (introdurre la densità di probabilità); si potrebbe poi fare il ragionamento in modo profondo e generale utilizzando il teorema di Radon-
Nikodym e si potrebbe parlare della probabilità condizionata nel
senso di Kolmogoroff (ma il valore che ha per la statistica è discutibile); non intendo addentrarmi in questa discussione non
strettamente pertinente al nostro problema.

Dato un esperimento, si estende il campo delle coppie (α,β)
che sono raggiungibili (e che cercheremo di delineare nella Fig.1).

152

L.J.Savage

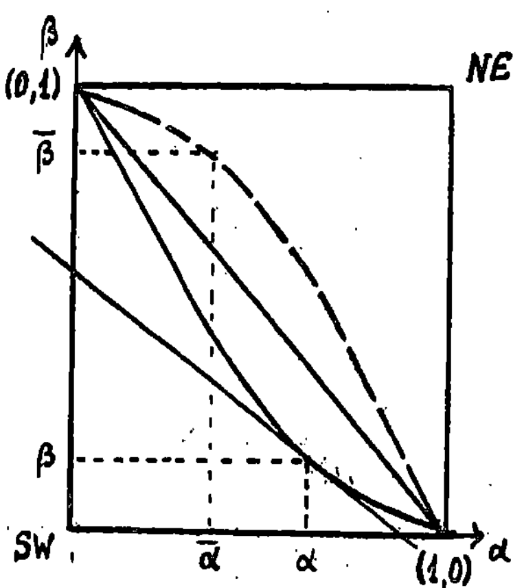

fig.1

Se (α,β) è raggiungibile è raggiungibile anche $(\bar{\alpha},\bar{\beta})$; ciò significa che se si ha una strategia che dà le probabilità α e β per gli errori di I^a e II^a specie, si può invertire la strategia accettando B quando si accettava A e viceversa; in termini della funzione $c(\underset{\sim}{x})$ ciò significa sostituire $\underset{\sim}{c}$ con $\underset{\sim}{\bar{c}}$. Questa proprietà dà una certa simmetria alla figura; ma questa simmetria non ha molto interesse perchè uno dei due punti non ha alcun valore; infatti, se si tiene presente il principio di ammissibilità per cui è preferibile avere una coppia di valori piccoli (α,β), se si utilizza cioè la regola del Nord-Est [3] uno dei due punti dovrà rappresentare una strategia meno efficiente di qualcuna di quelle rappresentate da punti della diagonale tra $(0,1)$ e $(1,0)$. E poichè sappiamo che tali strategie sono sempre realizzabili senza alcuna os-

____

[3]
    Nomenclatura usata per analogia con le carte geografiche: dato un' punto nella fig.1, esso è certamente preferibile a quelli con ascissa e ordinata entrambe maggiori, ossia formanti il quadrante a NE di esso.

L.J.Savage

servazione, tutto ciò che si trova a Nord-Est di questa retta può
essere trascurato nella nostra ricerca.

Si può ammettere che la regione dei punti raggiungibili è un
insieme convesso; ciò si può spiegare con il seguente ragionamento,
già illustrato nel caso di nessuna osservazione o di esperimento
nullo. Posso considerare il risultato di qualche esperimento che
non riguarda le ipotesi A e B, par esempio una roulette continua che
dia un valore y con $0 < y < 1$ e accoppiare ad $\underset{\sim}{x}$ $\underset{\sim}{y}$ a $\underset{\sim}{y}$ che ha distribuzione uniforme e indipendente da $\underset{\sim}{x}$. Allora date due strategie
$c'(\underset{\sim}{x})$ $c''(\underset{\sim}{x})$ che permettano di raggiungere rispettivamente i punti
(a',β') (a'',β''), possiamo con l'introduzione di y costruire una
nuova strategia $c(x,y)$ data da

$$c(\underset{\sim}{x},\underset{\sim}{y}) = D(\underset{\sim}{y})c'(\underset{\sim}{x}) + \bar{D}(\underset{\sim}{y})c''(\underset{\sim}{x})$$

essendo $D(\underset{\sim}{y})$ la funzione caratteristica di un certo intervallo
di y, di lunghezza δ . In altri termini la strategia $c(\underset{\sim}{x},\underset{\sim}{y})$ si ottiene scegliendo una fra le strategie date, $c'(\underset{\sim}{x})$ e $c''(\underset{\sim}{x})$, con certe probabilità δ e $1-\delta$; pertanto ad essa competono valori α e β
dati da $\alpha = \delta a' + (1-\delta)a''$, $\beta = \delta\beta' + (1-\delta)\beta''$, cioè un punto (α,β) del
segmento che congiunge $(a';\beta')$ con (a'',β''), c.v.d.

Ammetto inoltre che l'insieme dei punti raggiungibili è chiuso; ciò può essere giustificato (sotto la solita condizione di
σ-additività) utilizzando alcuni risultati matematici sui quali
non intendo soffermarmi. Con ciò si è giunti ad avere una regione
convessa e chiusa congiungente i punti (1,0) e (0,1) la quale rappresenta l'insieme delle coppie raggiungibili.

In virtù del principio del Nord-Est, dei punti di questa regione quelli che hanno valore - che sono ammissibili nel senso di
Wald e anche della tradizione di Neymann-Pearson - sono quelli
del contorno a Sud-Ovest. I test che raggiungono questa curva so-

L.J.Savage

no, come è stato dimostrato da Neyman e Pearson [35][4], test di rapporto di verosimiglianza(Likelihood Ratio Tests) i quali sono pertanto i soli test che vale la pena di prendere in considerazione.

Un test di rapporto di verosimiglianza è caratterizzato, per definizione, dal fatto che è $r(x) \geq \rho$ per x appartenente alla regione di accettazione per A(con ρ valore fisso); ρ chiamasi valore critico del rapporto di verosimiglianza. Un x tale che $r(x) = \rho$ può essere messo indifferentemente o in R o in $\bar{R}$. Ci sono allora in generale diversi test con uno stesso ρ , me questa possibilità ha poca importanza.

Torniamo ora alla curva della fig.1, per interpretarvi il significato di ρ . Se la curva è sufficientemente regolare, in ciascun punto esiste una tangente, e una sola, con pendenza negativa; questa pendenza, a meno del segno, dà il valore di ρ relativo alla strategia rappresentata dal punto di tangenza.

Con quale criterio si potrà infine scegliere una delle regole ammissibili? Quanto alla regola del Nord-Est, si vede subito che non serve per decidere fra punti della curva. Il confronto tra due coppie dove questa regola non si applica, è influenzato da molteplici fattori e dipende essenzialmente - e in ciò concordano anche gli oggettivisti - dalla persona che fa il confronto. Ma, contrariamente a quanto ci si potrebbe aspettare, il campo di arbitrarietà non è molto vasto e libero. In effetti il problema sta nei seguenti termini: una relazione di preferibilità fra le coppie per la persona interessata dev'essere coerente con la regola di ammissibilità del Nord-Est; essa va solo completata individuando le coppie fra le quali la persona interessata è indifferente. Si trat-

---

(4)
    Per maggiori dettagli, cfr. gli Esercizi delle sezioni 7.5 e 14.4 in [40].

L.J.Savage

ta cioè soltanto di determinare le curve di indifferenza dato che
la regola del Nord-Est definisce già il verso della preferenza; a
questo punto si potrebbe pensare che tali curve abbiano un andamento in gran parte arbitrario, ma ciò non è perchè α e β sono soggette a delle condizioni che restringono molto questa libertà. Si
può dimostrare che - salvo casi eccezionali, su cui non è il caso
di soffermarci - le curve di indifferenza devono essere rette parallele. Quindi la sola libertà sta nella possibilità di scegliere una pendenza negativa, che si dirà pendenza critica; fatto ciò,
le curve di indifferenza sono le rette parallele aventi questa pendenza.

Una tale conclusione può giustificarsi nel seguente modo:

Supponiamo che una persona sia indifferente fra due coppie
possibili (α_1,β_1) e (α_2,β_2) rappresentate nella figura 2 dai due
punti C_1 e C_2; allora essa sarà indifferente al fatto che si affi-
di al caso la scelta fra quelle due possibilità con probabilità
$1-\lambda$ e λ, per esempio gettando una moneta $(\lambda = 1/2)$ un dado $(\lambda = 1/6)$
ecc.

Con questo procedimento di punteggio (o strategia mista) le
probabilità di fare un errore di I^a e di II^a specie corrisponderanno ad un punto $C = C_1 + \lambda(C_1 - C_2)$ appartenente alla congiungente
i due punti dati C_1 e C_2. Con ciò l'indifferenza fra i due punti
si estende a tutti i punti della retta e questo prova che le curve di indifferenza sono delle rette.

Se poi considero un terzo punto (non allineato) C_3, e una probabilità di strategia λ qualunque, un ragionamento analogo conduce
a concludere che sono indifferenti tra loro i due punti
$C_1' = C_3 + \lambda(C_1 - C_3)$ e $C_2' = C_3 + \lambda (C_2 - C_3)$; allora la retta congiungente
questi due punti è una retta di indifferenza e risulta parallela

L.J.Savage

alla retta di indifferenza precedentemente trovata (si ottiene infatti riducendo tutte le distanze   nel rapporto 1 a λ).

Questa conclusione è in grande contrasto con le dottrine standard della statistica classica oggettivistica; infatti questa o non
dice niente al riguardo o fa pensare a curve veramente arbitrarie
o infine impone una scelta fissa per uno dei valori (α, β).

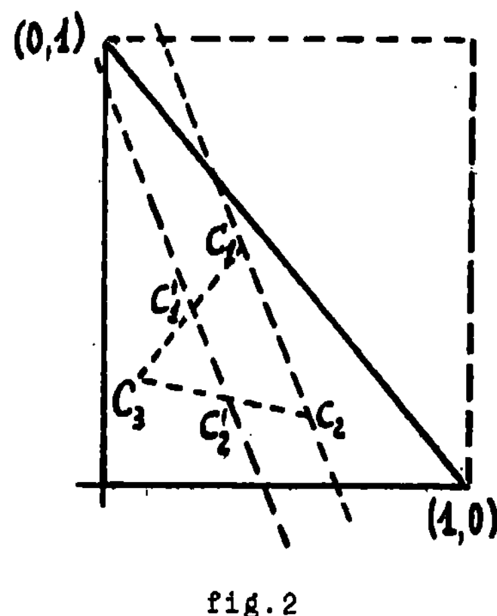

fig.2

Intendo ora anticipare qualche osservazione.

Se introduciamo ora le probabilità iniziali P(A) e P(B), e
supponiamo che ad un errore di I^a e di II^a specie siano associate
rispettivamente due perdite f e g, la perdita media associata ad
una coppia (α, β) è :

$$L(\alpha, \beta) = p(A)\alpha f + p(B)\beta g \ .$$

$L(\alpha, \beta)$ è lineare in α e β , quindi le curve di indifferenza, cioè
le curve di livello di questa funzione sono evidentemente delle
rette parallele la cui pendenza (in valore assoluto, ossia cambia-

L.J.Savage

to di segno) vale $\rho = \dfrac{f.P(A)}{g.P(B)}$. Da questa considerazione risulta

chiaro quanto è naturale l'intervento delle probabilità iniziali

nei problemi statistici.

Si è visto che un esperimento dà luogo ad una regione convessa di punti (α,β) raggiungibili; allora, se si tiene presente che per la regola del Nord-Est fra le rette di indifferenza è preferibile quella più spostata verso Sud-Ovest, si conclude che il test da impiegare per un esperimento dato è quello rappresentato dal punto del contorno della regione convessa, avente tangente con pendenza uguale alla pendenza critica, cioè un test di rapporto di verosimiglianza tale che il valore ρ ad esso relativo è uguale all'opposto della pendenza critica. Se c'è più di un test rispondente al medesimo valore di ρ., essi corrispondono ai punti di tutto un segmento del contorno di Sud-Ovest. Il significato di pendenza critica si illustra facilmente mediante l'analogia con il rapporto di cambio tra due valute: essa indica quanto di β si è disposti a dare in cambio di una unità di α (per es.: di quanti millesimi accetteremmo di lasciare aumentare la probabilità β di un errore di II^a specie pur di ottenere una diminuzione di un millesimo nella probabilità α di un errore di I^a specie;). Riesaminando l'ammissione consueta della teoria oggettivistica che fa attribuire ad α un valore fisso, risulta allora chiaro che ciò non è ragionevole: può darsi che nel punto del contorno in cui α è uguale al valore fissato il detto contorno decresca molto rapidamente, e allora un piccolo incremento di α porterebbe un decremento molto notevole di β. Non si può determinare certo oggettivamente quando un tale rapporto di cambio sia da considerare troppo alto o troppo basso, ma non è comunque possibile giustificare il rifiuto di un tale cambio a prescindere dal prezzo del cambio stesso.

158

L.J.Savage

Questa impostazione che ho sviluppato in collaborazione con Lindley deriva in gran parte dai concetti esposti in una sua precedente memoria [24].

Fatto un esperimento, nella statistica classica si suole anche calcolare talvolta il rapporto di verosimiglianza osservato, ma si mette in evidenza non questo bensì il valore di a o di β relative al punto del contorno in cui la tangente ha pendenza $-\rho$. Con ciò si sottolinea una quantità che in sè ha poco valore, che non tiene conto esplicitamente dei rapporti fra le perdite, e che non si presta ad una interpretazione significativa mediante linee di indifferenza. Invece la regola del minimax (dovuta, come si è detto, a Wald [46]) tiene conto di tale rapporto e si presta ad un'interpretazione mediante linee d'indifferenza, che non rispondono però ad un significato ragionevole. La regola indica di rendere minima la maggiore delle due perdite medie condizionate $\mathcal{L}a$ e $g\beta$; ciò significa scegliere il test sulla retta per l'origine $\beta = \frac{f}{g}a$, nel punto più vicino all'origine. Ciò si può interpretare dicendo che le linee d'indifferenza sono formate dalle semirette parallele agli assi (e di verso negativo) uscenti da un punto della retta indicata (v.fig.3). ciò mostra che anche questa regola , nonostante gli elementi economici che accetta, non permette nessuno scambio tra a e β [5]. L'unità e armonia della teoria della dicotomia semplice esposta qui, in confronto con quelle della statistica classica, risulta ancora più evidente passando a considerare il caso di una scelta tra diversi esperimenti.
Nel caso in cui si debba scegliere fra due esperimenti e si prescinda dal loro costo, la scelta è molto semplice, in quanto, una volta determinati sui contorni delle due regioni di punti raggiun-

---

[5]   Considerazioni analoghe si possono fare con riguardo alle impostazioni sviluppate in [23] (volume visto dopo il corso di Varenna).

L.J.Savage

gibili i due punti che rappresentano, per ciascun esperimento, 1
test che corrisponde alla ρ-critica, basta confrontare questi due
punti.

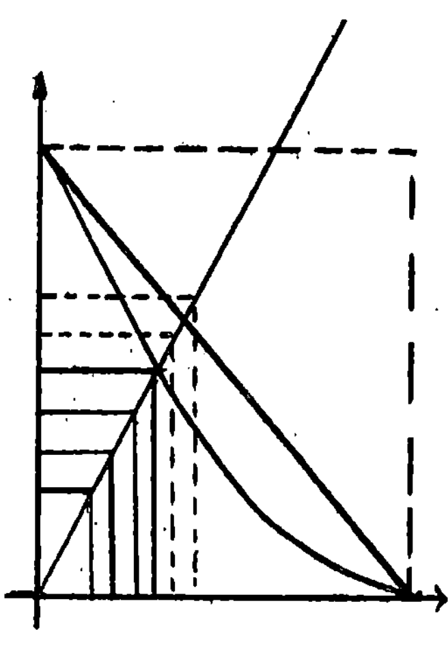

fig.3

Non è neppure difficile considerare anche il costo dell'osservazione. Qualora si faccia intervenire seriamente l'utilità,
il problema diventa più complesso nel senso che le curve di indifferenza acquistano una maggiore arbitrarietà.

Mi occuperò ora di esperimenti di tipo sequenziale, relativi
a problemi di dicotomia semplice, atti a illustrare nuovi aspetti
delle conclusioni precedenti. In questo caso il numero aleatorio
$\underset{\sim}{x}$ è costituito da un insieme di valori $\underset{\sim}{x}, \underset{\sim}{x}_1, \underset{\sim}{x}_2, \ldots, \underset{\sim}{x}_n$, ciascuno
dei quali dipende dai precedenti, ed $\underset{\sim}{n}$ è casuale e dipende da-
gli $\underset{\sim}{x}_j$ (per $j \leq n$).

Abbiamo un caso di dicotomia semplice se consideriamo, ad es.,
un'applicazione di tale metodo sequenziale (dovuto a Wald) a prove
bernoulliane, supponendo che siano possibili due ipotesi circa il

160

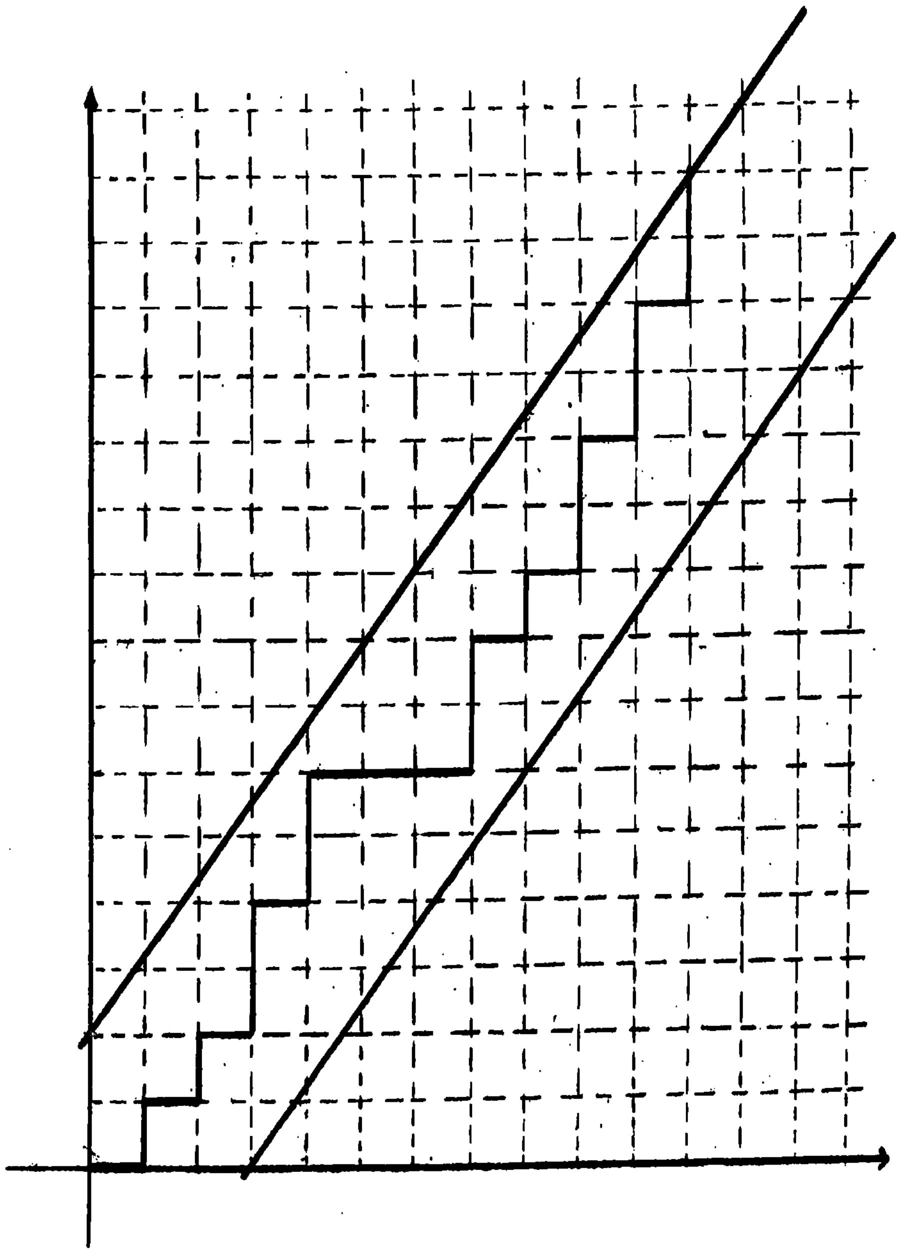

fig.4

L.J.Savage

valore della loro probabilità: $p = p_1$ o $p = p_2$. Per fissare le i-
dee si può pensare ad un'urna in cui sappiamo esservi 100 palline
bianche e nere, ma non ricordiamo se ci è stato detto che quelle
bianche sono 46 o 64. Procedendo ad estrazioni (naturalmente con
reimbussolamento), dopo aver estratto h volte palla bianca e k
nera, il rapporto di verosimiglianza della 1ª alla 2^a ipotesi è

$$(\frac{p_1}{p_2})^h \ (\frac{q_1}{q_2})^k \qquad\qquad (q_i = 1-p_i \ , \quad i = 1,2)$$

e il suo logaritmo è

$$h(\log p_1 - \log p_2) + k(\log q_1 - \log q_2) \ ,$$

le cui linee di livello (nel piano h,k) sono le rette parallele

$$k = Ah + cost \quad , \quad con \quad A = - \frac{\log p_1 - \log p_2}{\log q_1 - \log q_2} \quad .$$

(Si noterà che $A > 0$, essendo $p_1 \neq p_2$, perchè dei rapporti p_1/p_2
e q_1/q_2 necessariamente uno è maggiore e uno è minore di 1).

Se ora rappresentiamo i risultati delle successive prove sul
piano (h,k), otteniamo (v.fig.4) una spezzata in cui ogni estrazione di palla bianca è rappresentata da un passo verso destra ed
ogni estrazione di palla nera da un passo verso l'alto. Un metodo
sequenziale è caratterizzato dal fatto che per ogni punto si può
indicare se, raggiungendolo, l'esperienza si termina decidendo di
accettare la 1ª ipotesi, o si termina decidendo di accettare la 2^a,
oppure si prosegue. I test non sequenziali (con numero prefissato
di prove) rientrano come caso particolare, dovendosi proseguire
finchè h+k < n, ed essendo prestabilito quale decisione va presa per
ogni punto della retta h+k=n .

Fra i test sequenziali, quelli rispondenti al criterio del
rapporto di verosimiglianza e quindi ottimali nel senso detto, si
ottengono in particolare tracciando due delle rette k=Ah+cost.,

162

L.J.Savage

diciamo $k = Ah+o'$, $k = Ah+o''$ ($o' < o''$), e stabilendo di proseguire
le estrazioni finchè non si esce dalla striscia fra esse racchiu-
sa; all'uscita si deciderà per la 1^a ipotesi se si cade al di sotto della retta inferiore, per la 2^a se si sorpassa invece la retta
superiore.

Questo procedimento suggerisce in fondo di non arrestarsi finchè non sia stato raggiunto un valore abbastanza grande o abbastanza piccolo per il rapporto di verosimiglianza, ed è in notevole armonia col nostro punto di vista. (L'unica variante è che la scelta
delle due rette sarebbe da fissare, se si adottasse la teoria soggettiva, basandosi sulle probabilità P e 1-P=Q attribuite inizialmente alle due ipotesi, e stabilendo quali valori P' e P'' della
probabilità finale ci farebbéro decidere ad agire secondo la "accettazione" o il "rifiuto" della 1^a ipotesi; cioè : le costanti
c' e c'' sarebbero o'= $\log(P'Q/PQ')/\log(q_1/q_2)$, (o'' = analogamente).

Ma tale concetto è invece in netto contrasto coi canoni della teoria oggettivistica. Ivi infatti viene denunciato come un
grave errore (come ingenuità o tendenziosità che inficia il risultato) l'arrestare un esperimento in modo facoltativo (Optional
Stopping)[6]. Guai dire che si continua *fino a che si ritiene di
aver raggiunto un'evidenza sufficiente per concludere, o fino a
che si è fatto troppo tardi* (era buio, ero stanco, avevo fame, sono stato chiamato da qualcuno, desideravo fare qualcos'altro, e
via dicendo). E' vero infatti che ciò è in contrasto con l'impostazione in cui si pongano come significativi α e β ; ma è tale
impostazione che va respinta, non l'Optional Stopping, che, accettando l'impostazione indicata come unica ragionevole basata
sul rapporto di verosimiglianza, diviene perfettamente accetta-

____

(6)
Specialmente da Feller in [6]; cenni e ulteriori commenti in
[5]. Sull'argomento cfr.anche [39].

163

L.J.Savage

bile. Quel che importa è soltanto che tutta l'informazione raccolta venga utilizzata, comunque la si sia ottenuta (senza una selezione che sarebbe tendenziosa e disonesta).

Tale osservazione, a parte l'importanza che ha di per se stessa, mostra chiaramente come le discussioni che potevano sembrare accademiche sulla natura del metodo statistico conducono invece a conclusioni e chiarimenti su aspetti fondamentali per la critica e la giusta visione dei metodi pratici e delle loro applicazioni concrete.

Prima di chiudere l'argomento, accenniamo brevemente ad una prima generalizzazione della dicotomia semplice. Il fatto di avere soltanto una azione appropriata a ciascuna ipotesi elementare non costituisce il caso generale; de Finetti ha parlato di una dicotomia semplice fra ipotesi ma con una varietà di comportamento, e ciò introduce un notevole cambiamento. In questo caso si può utilizzare la nozione di "operating characteristic" cioè di una funzione che descrive le operazioni di una politica; $c(\underset{\sim}{x})$ può essere una funzione che sceglie fra tutte le azioni ammissibili.

Inoltre si può parlare della distribuzione di probabilità di fare una certa azione sotto le ipotesi, A,B,C, etc.

Il rapporto di verosimiglianza solo nel caso precedentemente studiato, si presenta come una sola funzione numerica $r(\underset{\sim}{x})$. Inoltre, prevedendo una generalizzazione, sarebbe più opportuno da un certo punto di vista scrivere

$$r(\underset{\sim}{x}) = P(\underset{\sim}{x}|A) : P(\underset{\sim}{x}|B) \; ;$$

ciò allo scopo di mettere in evidenza la natura di $r(x)$ che è come quella delle coordinate proiettive. Questa forma inoltre è molto opportuna per il caso in cui si hanno più di due ipotesi; per es. se si misura un parametro λ, si parla di rapporto di verosi-

L.J.Savage

miglianza $r(x,\lambda)$ proporzionale a $P(x|\lambda)$.

Molti preferiscono dire semplicemente "verosimiglianza" anziohè "rapporto di verosimiglianza", ma a mio avviso il termine "rapporto" giova a sottolineare opportunamente la menzionata natura del concetto.

L.J.Savage

5.- MISURAZIONI PRECISE; INTRODUZIONE

Intendo ora occuparmi di un particolare tipo di problemi statistici, che chiamerò di "misurazione precisa", sul quale sarà u-
tile soffermarsi attentamente perchè è particolarmente indicato
per effettuare dei confronti fra le teorie oggettivistiche e quella soggettivistica. Questo tipo di problemi inoltre illustra il
concetto di ogni oggettività, in quanto riguarda circostanze in
cui *praticamente* tutti arrivano ad un accordo quasi perfetto, ed
è questo che dà luogo di solito ad un'idea intuitiva, ma sbaglia-
ta, di oggettività (come già abbiamo avuto occasione di rilevare
nel n.4).

Il nostro nuovo argomento può essere ricondotto al seguente
esempio. Supponiamo che un chimico abbia ottenuto dei cristalli
molto puri di un composto, non ancora conosciuto, che chiameremo
"acido statistico", e che voglia determinarne il punto di fusione μ . L'unità di misura consentita dallo strumento utilizzato è
il decimo di grado centigrado. Il detto chimico prima di effettuare la misurazione ha delle opinioni sul valore di μ e sulla
precisione dello strumento di misura.

Se indichiamo con m il valore che verrà dato dallo strumento, la detta opinione sulla precisione dello strumento si tradu-
ce in una densità di probabilità $p(m|\mu)$ di m dato μ per ogni μ.
Possiamo supporre, per definire un esempio semplice, che sia
$p(m|\mu) = \phi(m-\mu)$ essendo ϕ la densità di probabilità della distribuzione normale standard; ciò è poco realistico almeno per due
ragioni :

- di solito non si ha un'informazione esatta sulla precisione dello strumento, e quindi si dovrebbe considerare la densità di probabilità di una distribuzione normale avente scarto

L.J.Savage

quadratico medio incognito come μ ;

- in genere è poco lecito assumere letteralmente la distribuzione normale per rappresentare la distribuzione degli errori.

Le possibilità sulle opinioni possedute riguardo a μ sono molteplici: mi limito qui a darne qualche esempio per sottolineare il ruolo del giudizio soggettivo.

1) Il chimico è più o meno convinto che $\mu = 1874,3$; la locuzione "è più o meno convinto" significa che per il detto chimico il valore 1874,3 ha probabilità positiva e non nulla; in questo caso il comportamento del chimico rispetto all'esperimento è di due tipi : a) se egli attribuisce a questa probabilità un valore molto prossimo ad uno è superfluo effettuare la misurazione; b) se egli nutre dubbi ragionevoli è il caso di effettura la misurazione, però questo problema esula dal tipo di problemi di "misurazione precisa" di cui ci occupiamo qui, e cade sotto quelli di "test di un'ipotesi stretta".

2) Il chimico è convinto che $\mu \geq 1650$ (ad es. avendo trovato che un campione impuro della sostanza si è fuso a quella temperatura e sapendo che in genere la presenza di impurità fa abbassare il punto di fusione).

3) Il chimico ha opinioni diffuse riguardo al valore di μ almeno entro un certo intervallo.

Quest'ultima ipotesi può essere illustrata dal seguente esempio.

Il chimico ha una distribuzione di probabilità per μ che indico con $M'(\mu)$ e questa distribuzione è tale che nell'intervallo (1700,2000) è compresa una probabilità abbastanza grande e inoltre che:

$$M'(x) < 1000 M'(y) \quad \text{con x qualsiasi} \quad e \quad 1700 < y < 2000$$

L.J.Savage

$M'(y)$ non presenti variazioni maggiori del 5% in alcun intervallo di lunghezza 10 contenuto in (1700,2000).

E' il caso 3) - non incompatibile con 2) - che caratterizza i problemi di "misurazione precisa". Osservato un valore m, la densità di probabilità terminale per μ è data da:

$$M'(\mu|m) = C \; \rho(m|\mu)M'(\mu)$$

dove C è una costante individuata dalla relazione di normalizzazione

$$\int M'(\mu|m)d\mu = 1 \; .$$

Nel caso che si possa porre $\rho(m|\mu) = \phi(m-\mu)$, si ha :

$$M'(\mu|m) = C \; \phi(m-\mu)M'(\mu) \; . \qquad (1)$$

Queste relazioni sono valide in generale ma presentano scarsa utilità senza qualche conoscenza di $M'(\mu)$; se però si introduce l'ipotesi di diffusione delle opinioni iniziali di cui in 3), le relazioni precedenti danno luogo a delle relazioni approssimate, ma di notevole interesse.

Supponiamo che il valore osservato sia $m = 1935,4$ - interno all'intervallo (1700,2000) - allora il secondo membro della (1) - - a meno della costante C - è il prodotto di due fattori dei quali $M'(\mu)$ all'esterno di (1700,2000) non può essere molto più grande del minimo di $M'(\mu)$ in (1700,2000) e varia di poco (5%) in un intervallo di lunghezza 10 contenuto in (1700,2000), mentre $\phi(m-\mu)$, avendo varianza unitaria, ha quasi tutta la massa concentrata nell'intervallo di lunghezza 10: ne segue che $M'(\mu|m)$ è quasi uguale a $\phi(m-\mu)$. Scrivo cioè nel modo seguente

$$M'(\mu|m) \sim \phi(m-\mu) \; . \qquad (2)$$

Con ciò il carattere normale della distribuzione degli errori si è trasferito alla distribuzione finale di μ.

Questo passaggio è ritenuto di solito illecito, ma tale non

L.J.Savage

è nella nostra ipotesi - per altro molto verosimile - di opinione iniziale diffusa. Però è opportuno notare che la distribuzione normale che figura nella (1) hà un significato diverso da quello che si deve attribuire alla distribuzione approssimativamente normale $M'(\mu|m)$: nella (2) $\phi(m-\mu)$ deve considerarsi come una distribuzione in μ .

Il risultato ottenuto ha grande valore pratico, in quanto è su esso che sono basate tutte le considerazioni sull'attendibilità di m come stima di μ . Si deve inoltre osservare che la buona riuscita del nostro ragionamento è condizionata dal fatto che il valore osservato di m cada nell'intervallo (1700,2000); qualora ciò non fosse non si potrebbe dedurre (2) da (1).

.Passiamo a considerare ora la posizione delle scuole oggettivistiche di fronte a questo esempio.

Secondo la scuola di Neyman-Pearson l'intervallo m + 2,5 è un intervallo di confidenza con livello di confidenza 99/100 e ciò senza alcun riferimento alla distribuzione iniziale delle opinioni. Questa impostazione è chiaramente in contrasto con quella sopra esposta.

Il chimico che si affida alla teoria di Neyman-Pearson sa che se formerà l'intervallo m + 2,5 farà un colpo di un giooo, lancerà per così dire una piastrella che ha probabilità 99% di coprire il punto cercato. Ma, dopo effettuato l'esperimento, l'intervallo essendo determinato, la piastrella caduta, egli avrebbe interesse soltanto a sapere se è riuscito in quel colpo o quale probabilità ha di essere riuscito. La teoria di Neyman-Pearson è troppo prudente per dare la minima soddisfazione alle sue domande. Essa gli direbbe di non preoccuparsi se ha ottenuto un risultato visibilmente inaccettabile, perchè l'unica cosa importante

L.J.Savage

è di aver usato un metodo in cui tali inconvenienti si verificano molto raramente. Un procedimento basato su intervalli di confidenza (il procedimento a due stadi di Stein, calorosamente sotto-
scritto da Neyman) sarà discusso nel Cap.7, e si vedrà,come sia
suscettibile di condurre a intervalli di:confidenza manifestamen-
te inaccettabili.

Fisher basa il suo metodo d'impostazione di tale problema
sulla supposizione "che non si abbia alcuna informazione su μ"
senza spiegare cosa vuol dire quell'assenza di informazioni; in
tale ipotesi egli arriva alla conclusione che la distribuzione
"fiducial" a posteriori è quella stessa da noi trovata. Allora
la nostra impostazione quanto meno serve a chiarire il significato da attribuirsi alla condizione che non si abbia alcuna conoscenza a priori. Ciò potrebbe indurre a pensare che la teoria di
Fisher debba coincidere, dopo qualche messa a punto, con la nostra; come è possibile riscontrare su numerosi esempi, ciò è vero solo in certi casi ma non in generale: la nostra impostazione
è suscettibile di applicazioni in qualunque caso e sotto ogni genere di ipotesi. Resta a vedersi come viene considerato il medesimo problema nella impostazione logico-oggettivistica di Jeffreys.

Egli assume come distribuzione a priori di μ la distribuzione uniforme tra $-\infty$ e $+\infty$ ("*distribuzione singolare con densi-
té costante*") e, mediante l'applicazione del teorema di Bayes,
arriva alla nostra stessa conclusione. Secondo alcuni, questo
procedimento non è lecito perchè la detta distribuzione non esiste, visto che non è normalizzabile. La nostra impostazione ha
il pregio di essere più realistica; comunque le due teorie vanno
bene d'accordo, la nostra può considerarsi come un perfezionamento,
e come il risultato di una critica costruttiva, di quella di Jeffreys.

L.J.Savage

6.- MISURAZIONI PRECISE; ELABORAZIONE.

Sia x una variabile casuale che assume valori qualsiasi (per esempio, una n-pla di numeri) e λ un parametro.

Dal nostro punto di vista anche λ è una variabile casuale che dev'essere scritta λ e, in pratica, la differenza tra λ e x è dovuta al fatto che, mentre la distribuzione di λ dipende solo dalla nostra opinione, quella di x è in parte determinata mediante delle probabilità condizionate che possono essere considerate quasi un dato oggettivo, o almeno pubblicamente condiviso. E' importante ricordare che anche λ non è necessariamente un solo numero, ma può essere una r-pla di numeri, ad esempio la coppia dei parametri μ e σ di una distribuzione normale, etc.

Uno dei dati del problema è la distribuzione di probabilità di x subordinata a λ; a seconda che si tratti di distribuzione discreta o continua [1] indicheremo con la stessa notazione $p(x|\lambda)$ sia la probabilità in senso letterale, oppure la densità di probabilità di x subordinatamente a λ. In questo secondo caso è necessariamente sottintesa una misura per le x, in quanto una densità fornisce una misura soltanto quando viene integrata rispetto ad un'altra misura. Supporrò quindi assegnata una misura $\alpha(x)$, ma spesso, al posto di $d\alpha(x)$, si può scrivere dx, perchè, essendo x un'entità astratta, questo non dice niente di specifico e l'uso della notazione abbreviata non fa gran danno.

Nella nostra impostazione interviene inoltre una densità di probabilità iniziale per λ, $\delta(\lambda)$.

Dopo un'osservazione abbiamo una densità di probabilità per

---

[1]
    E' essenziale limitarsi a questi due casi, di distribuzione *discreta* (solo masse concentrate), o *continua* (nel senso speciale: avente ovunque una *densità* finita). Possono considerarsi altri casi, ma si cadrebbe in complicazioni.

L.J.Savage

λ subordinatamente a x che verifica la seguente uguaglianza

$$\delta(\lambda|x) = C.\rho(x|\lambda).\delta(\lambda) \qquad (1)$$

E' importante sottolineare che C è costante rispetto a λ , ma può darsi che dipenda da x (il valore di C, costante di normalizzazione, è quello per cui $\delta(\lambda|x)$ ha integrale uguale ad 1 per tutto lo spazio).

Nei casi favorevoli, cioè quando $\delta(\lambda)$ ha un andamento molto piano (nel senso dell'esempio) in confronto a quello di $\rho(x|\lambda)$ la (1) si semplifica con un'approssimazione più o meno buona

$$\delta(\lambda|x) \simeq C.\rho(x|\lambda). \qquad (2)$$

Questo fatto accade spesso in pratica, in quanto, se la misura è abbastanza precisa, ρ è molto attiva soltanto in una piccola regione in cui ha un massimo piuttosto elevato dal quale si discosta rapidamente: quando ciò accade la cosa è completamente soddisfacente dal punto di vista statistico.

Confrontiamo, ora, questa teoria con le teorie classiche. Per la scuola di Neyman-Pearson risolvere un problema di questo tipo significa trovare intervalli o regioni di confidenza per λ nel senso tecnico di tale teoria, ma quest'ultimo problema di solito non ha soluzioni, in quanto è del tipo delle equazioni integrali di Fredholm che ammettono soluzioni solo in casi particolarissimi.

Anche i seguaci di tale teoria riconoscono questo fatto e non capisco come mai ciò non dia loro grande insoddisfazione, in quanto mi sembra che un metodo di inferenza che va bene solo quando accade qualche accidente di natura algebrica, e negli altri casi non funziona, non promette di essere un metodo valido. (Ma debbo dire che recentemente c'è una tendenza a rilassare le condizioni: v.Lehmann [21]).

Il problema diventa particolarmente difficile per i fautori

172

L.J.Savage

di quell'impostazione quando λ ha due componenti λ_1 e λ_2 e si deve dire qualche cosa su λ_1 da solo. In questo caso essi dicono che λ_2 è un parametro di disturbo. Per noi questo caso non è affatto sostanzialmente più complicato di quello in cui si ha una sola componente; infatti il problema è di trovare la probabilità che λ cada in un certo intervallo o in una certa regione del piano e questa è una questione di integrazione. Il fatto che λ abbia più componenti può rendere più difficili i problemi di calcolo, ma non cambia nulla dal punto di vista concettuale.

Piuttosto è necessario sottolineare che il passaggio dalla (1) alla (2) va eseguito con certe cautele: per esempio può andar bene in una regione abbastanza grande, ma talmente male fuori di tale regione che, volendo calcolare la media di λ o di una sua funzione, si ottengono dei risultati irragionevoli o insoddisfacenti. Ci sono però molte applicazioni in cui le cose vannu abbastanza bene. Per esempio, se vogliamo sapere qualche cosa sulla distribuzione di λ_1 quando λ ha due componenti λ_1 e λ_2, non dobbiamo fare altro che calcolare la distribuzione marginale, cioè integrare rispetto a λ_2 e rinormalizzare.

La teoria di Fisher non dice niente a proposito di questo problema perchè Fisher chiede, per poter trattare un problema, almeno un insieme di statistic [2] sufficienti regolari, e noi siamo ben lontani dal campo di applicazione della probabilità fiduciale . La teoria di Jeffreys, invece, si applica abbastanza be-

____

[2]
    Uso il termine inglese "statistic" (trattandolo come invariabile anche al plurale, così come test); significa una qualunque grandezza o entità che rimane definita in base al risultato dell'esperimento. Più tecnicamente, una statistic è una funzione che associa un oggetto di una qualsiasi natura ad ogni possibile osservazione x. In particolare costituisce una statistic la $\rho(x|\lambda)$ e vedremo nel §7 l'opportunità di considerarla come tale; in tal caso, precisamente, l'*oggetto associato ad* x è la $\rho(x|\lambda)$ considerata come funzione di λ . Cfr. anche la fine del presente §6.

L.J.Savage

ne e tutto quello che dico qui a proposito di questo problema non
è che una chiarificazione e una critica costruttiva di quello che
dice lui.

Un'altra questione molto importante è la seguente: la (1), che
è assolutamente esatta, dipende dall'andamento di $\rho(\lambda|x)$ pensata
come funzione di λ e non come funzione di x, cosicchè se noi cam-
biamo ρ moltiplicandola per una qualsiasi funzione di x, non cambia niente. Tale osservazione è importante perchè invece la pro-
babilità di arrivare ad un campione x, dati λ e $\rho(x|\lambda)$ dipende
dalle modalità con cui l'esperimento è stato fatto, e precisamen-
te varia, ad esempio, a seconda che si tratti di un esperimento con
campione di grandezza fissa, oppure sequenziale, e, più in generale, dipende dal disegno sequenziale dell'esperimento. In ogni
caso, tuttavia, le differenti varianti conducono a valutazioni
tutte proporzionali tra loro (in quanto funzioni di λ), di modo
che il rapporto di verosimiglianza non è diverso, poichè in esso
dev'essere considerato inessenziale ogni fattore indipendente da
λ . Ciò significa che l'interpretazione di un dato risultato non
deve dipendere dal disegno dell'esperimento che ad esso ha dato
luogo. Tornerò spesso su questo fatto che mi sembra molto importante e che è decisamente negato dalla scuola di Neyman-Pearson.
Viceversa Fisher nel suo nuovo libro [10] dice che quando non si
può dire altro, bisogna pubblicare questa funzione di λ , in quanto essa contiene tutto quello che concerne il problema.

Immaginiamo, ora, che invece di lavorare con λ io abbia scelto di lavorare con una funzione di λ : $\gamma(\lambda)$. Finchè si tratta di
scrivere l'analoga delle (2) le cose vanno come prima

$$\delta(\lambda|x) \simeq C.\rho(x|\gamma) \ . \qquad (3)$$

Oltre alla (4), però, possiamo anche scrivere in conseguenza di
(2) :

174

L.J.Savage

$$\delta(\gamma|x) \simeq C' \rho(x|\gamma) \; \frac{d\gamma(\lambda)}{d\lambda} \qquad\qquad (4)$$

E' possibile che tutte e due le relazioni precedenti siano vere? Si, perchè le costanti non sono necessariamente le stesse e $\dfrac{d\gamma(\lambda)}{d\lambda}$ può essere quasi uniforme nella regione che conta e questo accade spesso nelle applicazioni. Vedremo tra poco un esempio di una distribuzione avente densità del tipo

$$\frac{h}{\sigma^a} \; e^{-k/\sigma^2}$$

Se cambio a in $a+1$ o in $a-1$, come avviene quando si considera $\log\sigma$ o σ^2 come il parametro rispetto al quale l'opinione risulta diffusa, ossia press'a poco uniforme, la forma della funzione varia molto poco se a è grande, e viceversa questi cambiamenti, specialmente il primo, possono risultare utili. Quello che dà questa elasticità è il fatto che nelle (3) - (4) non compare il segno di uguaglianza, ma quello di uguaglianza approssimata.

Jeffreys, viceversa, ritiene che λ debba avere distribuzione iniziale uniforme, e poichè se ciò vale per λ non può valere anche per $\gamma(\lambda)$, soltanto una delle (3) - (4) è vera, e in essa non compare il segno di approssimazione ma il segno di uguale. Questa idea di Jeffreys è stata molto criticata e giustamente; egli ha speso molte energie per superare queste critiche, senza riuscirvi. Egli, infatti, vorrebbe scegliere quale parametro debba essere considerato uniforme, in base alla natura della funzione $\rho(x|\lambda)$, cioè per esempio egli vorrebbe formare la sua opinione iniziale sulla velocità della luce in base allo strumento che sarà adoperato per misurarla, e se domani venisse inventato un nuovo strumento dovrebbe cambiare la sua opinione iniziale $^{(3)}$.

---

(3)
     Come ha mostrato Frank Anscombe nella sua recente nota "Dependance of the fiducial argument on the sampling rule" (Biome-

./.

L.J.Savage

Vediamo ancora una volta, riferendoci a questo caso, come la teoria soggettiva dia una risposta ragionevole; essa dice infatti che ambedue le (3) - (4) possono essere accettate come delle approssimazioni più o meno buone a seconda dell'andamento di $\gamma(\lambda)$.

Passiamo ora ad un altro importante argomento: le osservazioni ripetute. Non posso entrare troppo nei dettagli di tale teoria, ma ne accennerò alcuni aspetti istruttivi per illustrare l'apporto del punto di vista soggettivo. Immaginiamo che $\underset{\sim}{x}$ sia una successione di osservazioni $(\underset{\sim}{x}_1, \underset{\sim}{x}_2, \ldots, \underset{\sim}{x}_k, \ldots, \underset{\sim}{x}_n)$ ognuna con la stessa distribuzione subordinata a λ : $\theta(x_k|\lambda)$; allora

$$\rho(x|\lambda) = \prod_{k=1}^{n} \theta(x_k|\lambda) \quad .$$

Vediamo ora che cosa succede quando n è grande,

Prendendo il logaritmo di ρ abbiamo

$$\log\rho(x|\lambda) = \sum_{k=1}^{n} \log\theta(x_k|\lambda) \quad . \qquad (5)$$

Voglio mostrare che la funzione

$$L(\lambda) = \log\rho(x|\lambda) = \sum_{k=1}^{n} \log\theta(x_k|\lambda)$$

ha un massimo piuttosto stretto in corrispondenza di un certo valore e che tale massimo diventa più stretto al crescere di n . Darò soltanto le linee essenziali della dimostrazione : chi desiderasse conoscere una dimostrazione rigorosa veda [40] pag.236 o [19] .

Poniamo

$$\lambda = \lambda_o + \beta/\sqrt{N} \qquad (6)$$

----

trika, vol.44, Parti 3 e 4 dicembre 1957), esistono però dei casi in cui tale fatto, anzichè essere assurdo, risponde esattamente a delle differenze d'informazione insite nell'adozione di differenti metodi di osservazione. (Aggiunta comunicata il 15 ottobre 1959).

L.J.Savage

e consideriamo la funzione

$$S(\beta) = L(\lambda_o + \frac{\beta}{\sqrt{N}}) - L(\lambda_o) = \sum_{k=1}^{n} \log \frac{\theta(x_k|\lambda_o + \frac{\beta}{\sqrt{N}})}{\theta(x_k|\lambda_o)} =$$

$$= \sum_{k=1}^{n} \log \left[1 + \frac{\theta(x_k|\lambda_o + \frac{\beta}{\sqrt{N}}) - \theta(x_k|\lambda_o)}{\theta(x_k|\lambda_o)} \right]$$

ricordando che $\log(1+t) = t - \frac{1}{2} t^2 + o(t^2)$

possiamo scrivere :

$$S(\beta) = \sum_{k=1}^{n} \left[\frac{\theta(x_k|\lambda_o + \frac{\beta}{\sqrt{N}}) - \theta(x_k|\lambda_o)}{\theta(x_k|\lambda_o)} \right] -$$

$$- \frac{1}{2} \sum_{k=1}^{n} \left[\frac{\theta(x_k|\lambda_o + \frac{\beta}{\sqrt{N}}) - \theta(x_k|\lambda_o)}{\theta(x_k|\lambda_o)} \right]^2 + \qquad (7)$$

$$+ o\left\{ \left[\frac{\theta(x_k|\lambda_o + \frac{\beta}{\sqrt{N}}) - \theta(x_k|\lambda_o)}{\theta(x_k|\lambda_o)} \right]^2 \right\}$$

Nei casi regolari il valor medio del primo termine della (7) è
esattamente zero e il secondo può essere approssimato nel modo
seguente

$$- \frac{1}{2} \sum_{k=1}^{n} \left[\frac{\theta(x_k|\lambda_o + \frac{\beta}{\sqrt{N}}) - \theta(x_k|\lambda_o)}{\theta(x_k|\lambda_o)} \right] \simeq$$

$$\simeq - \frac{1}{2} \sum_{k=1}^{n} \left[\frac{\beta}{\sqrt{N}} \frac{\partial \theta(x_k|\lambda)}{\partial \lambda} \right]^2_{\lambda=\lambda_o} \simeq$$

$$\simeq - \frac{n \beta^2}{2n} \left[\frac{\partial \theta(x_k|\lambda)}{\partial \lambda} \right]^2_{\lambda=\lambda_o} = - \frac{\beta^2}{2} \left[\frac{\partial \theta(x_k|\lambda)}{\partial \lambda} \right]^2_{\lambda=\lambda_o}$$

Ricordando la (6) possiamo quindi concludere che $L(\lambda)$ nei casi
regolari ha un massimo in corrispondenza del valore λ_o e attorno
a tale massimo decresce come una parabola e la sua derivata se-

177

L.J.Savage

conda in λ_o sarà all'incirca uguale a

$$I(\lambda_o) = M\left[\left(\frac{\partial \log\theta(x|\lambda)}{\partial\lambda}\right)^2 \bigg| \lambda\right] = n\int\left(\frac{\partial \log\theta(x|\lambda)}{\partial\lambda}\right)^2 dx$$

Poichè $\log\rho$, come funzione di λ , è una parabola, ρ, essendo uguale ad e elevato a questa funzione, sarà nei casi tipici con grande probabilità una densità quasi normale [20].

Di solito allora si arriva quindi praticamente ad una distribuzione normale e stretta. Ma gli oggettivisti che sostengono che quando n è abbastanza grande si arriva sempre ad una conclusione precisa, commettono un errore evidente, come si può mostrare con questo esempio. Sia $\theta = e^{-|x-\lambda|}$ allora

$$\log\rho(x|\lambda) = -\sum_{k=1}^{n} |x_k-\lambda|$$

cioè una funzione poligonale, che di solito per n abbastanza grande approssima bene quella parabola, ma in casi molto rari può accadere che la funzione abbia un tratto, anche arbitrariamente lungo, orizzontale e poi decresca con una poligonale. E, se ci capita un'osservazione del genere, il nostro risultato è molto impreciso. Invece la scuola oggettivista dice che dopo una tale misura dobbiamo necessariamente avere una certa precisione, che è sempre la stessa, sia nei casi particolarmente sfavorevoli che in quelli favorevoli.

Si tratta della solita manchevolezza già rilevata a proposito della teoria degli intervalli di confidenza, parlando dell'esempio dell'acido statistico (§5). Per illustrare il concetto con un'analogia, può valere la seguente parabola. C'era una volta una mitica tribù Africana, [4] che aveva norme giuridiche notevol-

---

[4] Incidentalmente, esiste realmente una tribù africana con un codice penale tanto sofisticato che ha costituito oggetto di stu-

.⁄.

L.J.Savage

mente sofisticate e ragionevoli salvo questa sola eccezione.

Se un indiziato ha un alibi veramente perfetto, che rende assolutamente inconcepibile che quegli abbia alcunchè da fare col delitto, allora egli dev'essere giustiziato all'istante. I sapienti
giudici di questa tribù scusano questa norma, dicendo che è così
difficile avere un alibi perfetto che la regola di giustiziare coloro la cui innocenza è assolutamente stabilita mediante un alibi condurrebbe a meno di unadecisione errata su un miliardo di processi.
Il fatto che, una volta su un miliardo di casi, una persona manife-
stamente innocente venga giustiziata, viene da quelli accettato fi-
losoficamente come una parte del prezzo dell'oggettività.

Prima di concludere questa discussione generale sull'argomento delle misurazioni precise, vorrei spiegare cosa diventano nella
teoria soggettiva il metodo di massima verosimiglianza e il concetto di statistic sufficiente. Quest'ultimo punto, benchè non sia
particolarmente connesso con l'argomento delle misurazioni precise,
è però importante attraverso l'intero campo della teoria statistica.

La funzione di verosimiglianza o rapporto di verosimiglianza
di λ alla luce del dato x è, come già è stato detto, $p(x|\lambda)$. Una
estimazione di massima verosimiglianza di λ, alla luce del dato x,
vuol dire un valore $\lambda(x)$ che rende massimo $p(x|\lambda)$ come funzione di λ.
In molti problemi pratici $\lambda(x)$ è una ben definita funzione di x e
costituisce, da vari punti di vista, una buona stima di λ.
R.A.Fisher ha particolarmente esaltato il metodo di estimazione di

---

dio da parte di molti giuristi del mondo occidentale.
Secondo questo codice, uno che accidentalmente danneggia il suo vicino viene punito esattamente come se avesse fatto ciò intenzional-
mente.
L'opinione è che altrimenti non ci sarebbero che accidenti, e naturalmente anche in questo c'è un pò di verità.

L.J.Savage

massima verosimiglianza.[5]

Nella teoria soggettiva l'estimazione di massima verosimiglianza giuoca spesso un ruolo importante; benché sarebbe meglio non chiamare questo ruolo estimazione. Quando la situazione permette una misura precisa di λ, cioè, quando la distribuzione finale di λ dato x è approssimativamente C $\rho(x|\lambda)$, spesso accade che ρ è una funzione che agisce solo in una piccola regione del piano, nella quale presenta un massimo molto elevato dal quale si discosta molto rapidamente, e il suo logaritmo ha, più o meno, l'andamento di una parabola, o meglio, ha un massimo in un punto e la derivata seconda, calcolata nel punto di massimo, è molto grande. Così l'estimazione di massima verosimiglianza $\lambda(x)$, insieme alla derivata seconda di $\rho(x|\lambda)$ rispetto a λ, può fornire una buona descrizione pratica della parte più interessante della funzione rapporto di verosimiglianza. Naturalmente, se λ consiste di più parametri reali, invece che di uno solo, il ruolo della derivata seconda è sostenuto dalla matrice delle derivate seconde di $\rho(x|\lambda)$ rispetto ai componenti di λ, cioè dalla matrice hessiana $\|a_{rs}\| = \left\| \dfrac{\partial^2 \rho}{\partial \lambda_r \partial \lambda_s} \right\|$.

In alcuni problemi il massimo di verosimiglianza dà una estimazione molto cattiva e questo è stato messo in risalto specialmente da Neyman. In base alla teoria soggettiva è possibile decidere quando il criterio di massima verosimiglianza è applicabile e quando non lo è. Una proprietà notevole della estimazione di massima verosimiglianza è la seguente: se si cambia il parametro, l'estimazione di massima verosimiglianza cambia conformemente; per esempio, se una volta stimo λ e un'altro volta λ^2, con questo secondo metodo arrivo al quadrato della prima estimazione. Fisher dà grande risalto a questa proprietà, che a prima vista sembra un tipo auspicabile di consistenza intrinseca, del metodo della massima verosimiglianza

------

(5)
Cfr. parecchi dei lavori riprodotti in [11], p.es. il n.X. Una discussione maggiormente nello spirito di Neyman, Pearson e Wald è contenuta nella Sezione 15.6 di [40].

L.J.Savage

Infatti è facile pensare (specialmente se lo si fa senza pensare)
che la migliore stima possibile di λ^2 debba essere il quadrato della migliore stima possibile di λ . D'altra parte, l'estimazione di
massima verosimiglianza di λ è semplicemente il valore modale, o
più probabile, di λ dato x, nell'ipotesi che λ abbia distribuzione
iniziale uniforme. Se, per alcune ragioni, sembra importante usare
questo valore, perchè dovrebbe essere altrettanto importante usare il valore modale di λ^2 dato x, ancora una volta sotto l'ipotesi
che λ stesso e non λ^2 sia distribuito uniformemente, quando si cerca una stima di λ^2? Questa questione è strettamente connessa con
il fatto che il valore di λ che rende massimo $\rho(x|\lambda)\ \gamma(\lambda)$ per un
γ arbitrario ha molte delle virtù dell'estimazione di massima verosimiglianza, un caso speciale che ha luogo quando γ è identica-
mente 1. Benchè non sia necessario in questo caso pensare a γ come
ad una densità di probabilità, noi possiamo fare ciò, nel qual caso si vede che la più generale estimazione è il valore modale di
una distribuzione finale quando la densità della distribuzione iniziale è γ .

Un'interpretazione un pò diversa è data a pagina 15 del volume [23] di Lehmann.

Passiamo ora al concetto di statistic sufficiente o esaustiva
che giuoca un ruolo importantissimo nella statistica oggettiva. Nella teoria soggettiva la cosa cambia abbastanza: c'è una statistic
sufficiente minima, cioè $\rho(x|\lambda)$.

Una statistic, come già è stato spiegato nella nota (2) è u-
na funzione dei dati. Per esempio, sono statistic la media e la
varianza di un campione; sono pure una statistic la media e la varianza prese insieme; prendendo alla lettera la definizione, lo
stesso campione è sempre una statistic; infine la funzione rappor-

L. J. Savage

to di verosimiglianza $\rho(x/\lambda)$ è una statistic in quanto fa corrispondere ad ogni x un certo oggetto, precisamente la ρ considerata come funzione di λ. Fisher ha sottolineato per lungo tempo l'importanza delle statistic sufficienti [11]; l'indice generale in fondo a [40] indica una quantità considerevole di materiale su tale argomento.

Una statistic è sufficiente se dice tutto ciò che il campione stesso deve dire circa λ. Tecnicamente y è sufficiente per x se la distribuzione condizionata di x dato y e λ è la stessa per tutti i λ. Non è difficile vedere che una statistic sufficiente y è invero sufficiente o adeguata, nel senso ordinario della parola, per ogni scopo al quale può servire il campione stesso. Talvolta le statistic sufficienti vengono anche dette esaustive, e questo nome è almeno altrettanto giustificato.

Una statistic sufficiente è minima, o necessaria e sufficiente, se y è ottenibile da ogni altra statistic sufficiente z, cioè se la conoscenza del valore di una qualunque statistic sufficiente implica necessariamente la conoscenza di y. E' ben noto che la funzione rapporto di verosimiglianza è una statistic necessaria e sufficiente (vedere, per esempio, [40] pag.137).

Può essere sorprendente pensare alla funzione rapporto di verosimiglianza come alla minima tra le statistic sufficienti, in quanto l'uso più pratico delle statistic sufficienti è quello di condensare i dati in una forma semplice. Un'intera funzione, forse di parecchi parametri, difficilmente può essere considerata più semplice, se essa è semplice come i dati che ad essa hanno dato luogo. Malgrado ciò, la funzione rapporto di verosimiglianza è minima, o la più economica nell'importante senso tecnico che abbiamo descritto. La concentrazione desiderata è possibile quando

L.J.Savage

accade che la funzione rapporto di verosimiglianza dipende da x, l'insieme dei dati, soltanto per mezzo di un numero relativamente piccolo di funzioni di x. Per esempio, le funzioni rapporto di verosimiglianza associate con campioni da una distribuzione normale sono le stesse per due campioni che hanno le stesse medie e le stesse varianze.

Quando un oggettivista dice che le statistic sufficienti sono adeguate, egli vuol dire se gli facciamo conoscere il valore di una statistic sufficiente y e la distribuzione di y per ogni valore di λ, egli non avrà ragione di chiedere di più circa il valore di x. In particolare, quando dice che la funzione rapporto di verosimiglianza è adeguata, vuol dire questo e niente di più, mentre per un soggettivista la funzione rapporto di verosimiglianza ha un'adeguatezza che va oltre questo. Un soggettivista è soddisfatto di conoscere la funzione rapporto di verosimiglianza nel punto campione x senza conoscere nulla su come questa statistic è distribuita per dati valori del parametro.

L.J.Savage

7.- MISURAZIONI PRECISE; APPLICAZIONI A PROBLEMI TRADIZIONALI.

Passiamo, ora, a considerare alcuni problemi specifici tradizionali.

1) Supponiamo che la $\underset{\sim}{x}$ sia un elenco di numeri $(x_1 \ldots x_n)$ ri-
sultanti da osservazioni su una distribuzione normale con varianza
nota (e la supponiamo unitaria) e media sconosciuta μ .

Potremo, quindi, scrivere:

$$\rho(x\,|\,\mu) = \prod_{n=1}^{N} \phi(x_n - \mu) = (2\pi)^{-N/2} \exp\left\{-\frac{1}{2} \sum_{n=1}^{N} (x_n - \mu)^2\right\} .$$

Ricordiamo che questa funzione ci interessa solo per la sua dipendenza da μ e non ci interessano i fattori che dipendono solo dalla
x . Questo facilita molto i calcoli, in quanto possiamo moltiplicare
o dividere il secondo membro per delle funzioni di x e sostituire
il segno di uguaglianza (=) con quello di proporzionalità ($\propto$).

$$\rho(x\,|\,\mu) = (2\pi)^{-N/2} \exp\left\{-\frac{1}{2} \sum_{n-1}^{N} (x_n - \mu)^2\right\}$$

$$\propto \exp\left\{-\frac{1}{2} \sum_{n=1}^{N} (\mu^2 - 2\mu x_n)\right\}$$

$$\propto \exp\left\{-\frac{1}{2} [N^{1/2}(\mu - \bar{x})^2]\right\}$$

$$\propto \phi[N^{1/2}(\mu - \bar{x})] \qquad . \tag{1}$$

La (1), che è una densità di probabilità, è la risposta al nostro
problema e in caso di distribuzione iniziale diffusa la probabilità finale è approssimativamente questa. Si vede inoltre che fare N
misure normali è lo stesso che fare una sola misura normale di qualità $\sqrt{N}$ volte migliore, come è ben noto.

In questo problema vediamo l'azione di una statistic suffi-
ciente, cioè $\underset{\sim}{\bar{x}}$. Non vi è possibilità di delusione; cioè, non ap-

184

L.J.Savage

pena sono soddisfatte le condizioni delle misurazioni precise, possiamo essere sicuri che dopo l'esperimento conosceremo μ con una deviazione standard $N^{-1/2}$ qualunque sia il campione. Questa conclusione è un pò semplicistica, perchè a volte in pratica si presentano dei campioni in cui certe osservazioni sono affette da errori che fanno pensare a cause eccezionali (e spesso si dubita sia opportuno non tenerne conto). Però in tal caso vuol dire che ci troviamo al di fuori delle ipotesi sopra precisate; è ciò che complica le cose.

2) Supponiamo di fare delle osservazioni $\underset{\sim}{x}_n$ su una distribuzione normale con varianza sconosciuta σ^2. La nostra funzione di verosimiglianza è

$$\rho(x|\sigma) = \sigma^{-N} \prod_{n=1}^{N} \phi(\sigma^{-1} x_n)$$

$$\propto \left(\frac{\Sigma\, x_n^2}{\sigma^2} \right)^{N/2} \exp\left\{ - \frac{1}{2} \left(\frac{\Sigma\, x_n^2}{\sigma^2} \right) \right\} . \qquad (2)$$

Quando si tratta di valutare una varianza incognita è tipicamente meglio considerare come diffusa la distribuzione iniziale del logaritmo della varianza, piuttosto che quella della varianza stessa. Se, per esempio, io dovessi dirti che una particolare varianza incognita cade a distanza inferiore all'uno per cento da un certo valore σ^2 oppure da un altro valore, diciamo, da $2\sigma^2$, tu potresti spesso trovare le due possibilità pressapoco ugualmente probabili per te; il che è compatibile coll'idea di una distribuzione diffusa per il logaritmo della varianza. Tu pertanto, troveresti che entrambi questi eventi sono assai più probabili del fatto che la varianza incognita cada a distanza inferiore ad un mezzo per cento da $2\sigma^2$, di modo che risulta che la tua opinione riguardo alla varianza stessa non è sufficientemente diffusa per soddisfare que-

L.J.Savage

sto severo controllo.

Un'altra ragione è quella che, così facendo, si arriva alla risposta convenzionale e questo è un fatto che conta un pò, anche se non deve venire sopravvalutato. In effetti non c'è molto da scegliere: le due posizioni o sono praticamente uguali (N grande) o non possono pretendere nessuna delle due di avere grande validità (N piccolo).

Se facciamo la convenzione che $\log \sigma^2$ sia la funzione diffusa, per arrivare ad una buona approssimazione finale dobbiamo dividere la (2) per σ^2.

$$\delta(\sigma|x)\left(\frac{\Sigma\, x_n^2}{\sigma^2}\right)^{(N/2)+1} \exp\left(-\frac{1}{2}\,\frac{\Sigma\, x_n^2}{\sigma^2}\right)$$

Questa è la risposta al nostro problema quando si pensi diffusa la distribuzione iniziale di $\log \sigma^2$ e conduce ad una distribuzione classica.

$\Sigma\, x_n^2/\sigma^2$ ha per distribuzione terminale quella di χ^2 con N gradi di libertà. Questa risposta è in armonia con la teoria di Neyman-Pearson; tale coincidenza deve però considerarsi accidentale, non importa se e quanto frequentemente tali coincidenze accidentali si presentino in relazione alle distribuzioni di tipo specialissimo che intervengono nei più importanti esempi tradizionali.

A questo punto vorrei discutere un caso particolare di un tema generale, di cui ho già messo in rilievo l'importanza, e sul quale la mia opinione discorda completamente da quella dei seguaci della scuola Neyman-Pearson.

Consideriamo un certo esperimento sequenziale, cioè misuriamo μ fino ad avere evidenza che $\mu > 10$ o fino N = 1000. Secondo gli oggettivisti della scuola di Neyman-Pearson, questo è un modo completamente errato di condurre esperimenti, perchè appare loro viziato dall'intento di voler dimostrare una conclusione desiderata;

L.J.Savage

con particolare vigore tale condanna è stata pronunciata da Feller [6]. A me però non pare che la cosa stia così, perchè l'evidenza parla da sola e se si riesce a dimostrare in questo modo che
μ è molto grande è perchè c'è evidenza che μ è molto grande e se
non c'è continuiamo a prendere campioni fino a N = 1000.

Tornando al problema precedente voglio aggiungere che Fisher
arriva allo stesso risultato con distribuzione fiduciale per σ^2 e
Jeffreys prende log σ^2 uniformemente distribuito che conduce evidentemente allo stesso risultato.

3) Supponiamo che siano sconosciuti sia μ che σ^2.

Il rapporto di verosimiglianza è il seguente :

$$\rho(x|\mu,\sigma^2) \propto \sigma^{-N} \exp\left\{-\frac{1}{2\,\sigma^2}\left[\Sigma(x_n - \bar{x})^2 + (\bar{x} - \mu)^2\right]\right\}$$

Supponiamo che la distribuzione iniziale congiunta di μ e di
log σ^2 sia diffusa. Con questa convenzione e con un N ragionevolmente grande la nostra densità a posteriori è approssimativamente:

$$\delta(\mu,\sigma^2|x) \propto \sigma^{-N-2} \exp\left[-\frac{(N-1)s^2}{2\,\sigma^2}\right]\cdot \exp\left[-\frac{N(\mu-\bar{x})^2}{2\,\sigma^2}\right] \quad (3)$$

dove

$$s = \frac{\Sigma(x_n - \bar{x})^2}{N-1}$$

Vediamo ancora una volta l'importanza delle statistiche sufficienti, cioè tutto si esprime per mezzo di s^2 e $\bar{x}$.

La (3) è un pò complicata come funzione di μ e σ, ma c'è un
modo per vedere più chiaramente.

La (3) suggerisce la sostituzione di $\theta = (\mu - \bar{x})/\sigma$ e σ^2, al
posto delle due variabili μ e σ^2. Facendo questa sostituzione e
servendosi opportunamente degli jacobiani si arriva alla conclusione

$$\delta(\theta,\sigma^2|x) \propto \left[\frac{(N-1)s^2}{2}\right]^{\{(N-1)/2\}+1} \exp\left[-\frac{(N-1)s^2}{2}\right]\cdot \exp\left(-\frac{N\theta^2}{2}\right)$$

L.J.Savage

σ^2 e θ sono indipendenti; $\bar{\sigma}^2$ ha distribuzione del tipo χ^2 con N-1 gradi di libertà. Poichè θ ha distribuzione normale e σ^{-2} ha distribuzione $s^2\chi^2_{N-1}$., $\mu = \sigma\theta + \bar{x}$ ha una distribuzione di tipo t_{N-1} (linearmente trasformata). Anche questa conclusione è in accordo con le teorie classiche.

Una notevole differenza di opinione tra soggettivisti e seguaci di R.A.Fisher da una parte e molti seguaci della scuola di Neyman-Pearson dall'altra si riscontra a proposito del procedimento a due stadi di Stein. La scuola di Neyman-Pearson sollevò la questione di costruire un esperimento che fornisse un intervallo di confidenza di lunghezza fissa, per es. unitario, per il valor medio di una distribuzione normale di media e di varianza incognita. Charles Stein [44] diede una ingegnosa risposta altamente apprezzata da Neyman [32] e che si può riassumere come segue. Prendiamo un arbitrario (però piccolo) numero di osservazioni N_1, e sia s_1 lo scarto quadratico medio di questo campione preliminare. Sulla base di questa indicazione della varianza delle osservazioni, prendiamo un numero sufficiente di osservazioni addizionali per modo che $\bar{x}_2 \pm \frac{1}{2}$, intervallo di lunghezza 1 , sia l'intervallo di confidenza del desiderato livello di confidenza, dove $\bar{x}_2$ significa il valor medio di entrambi i campioni presi assieme. Questo procedimento porta veramente ad un intervallo di confidenza dotato delle proprietà richieste, eccezion fatta per piccole approssimazioni che sono eliminate nella costruzione alquanto più elaborata di Stein. Questo intervallo di confidenza soddisfa la definizione tecnica di intervallo di confidenza; però non soddisfa affatto i desiderata di natura non tecnica che danno luogo al problema. Supponiamo, per esempio, che accada che s_2 scarto quadratico medio fornito dall'intero doppio campionamento, sia molto più grande di s_1. Ciò costituirebbe un forte

L.J.Savage

indizio che μ non cade nell'intervallo $\bar{x}_1 \pm 1$; e ad una persona,
che si trova di fronte a questa situazione, non torna affatto di
consolazione sapere che tali inconvenienti avvengono soltanto una
volta su mille; egli avrebbe ragione di sentire scarsa fiducia nel-
l'intervallo di confidenza $\bar{x}_1 \pm 1$. Per il soggettivista, il problema che diede origine al procedimento a due stadi di Stein, ha una
soluzione semplice e soddisfacente, purchè l'opinione iniziale riguardo a μ e σ sia ragionevolmente diffusa, e precisamente questa.

Si faccia una osservazione dopo l'altra finchè la distribuzione finale giustificata da tutte le osservazioni fatte fino a
quel punto è sufficientemente concentrata. Se, per esempio, si
desidera un intervallo di lunghezza 1 contenente 99 per cento del-
la probabilità finale, si prosegue finchè risulta $s_n t_{n-1.99} \le \frac{1}{2}$, ove
s_n è lo scarto quadratico medio del campione totale dopo la n^{esima}
osservazione e $t_{n-1,.99}$ è il punto corrispondente al 99% nella distribuzione di t di Student per n-1 gradi di libertà.

4) Problema di Behrens-Fisher.

Supponiamo che inizialmente i quattro parametri μ_1, σ_1 e μ_2, σ_2
siano congiuntamente diffusi e supponiamo di voler dire qualche cosa su $\mu_1 - \mu_2$. Per esempio pensiamo di misurare una quantità in due
modi molto diversi e quindi con due varianze diverse e in questo
caso interesserà confrontare i valori medi ottenuti con i due metodi.

Non è necessario che la nostra opinione iniziale su uno dei
parametri sia indipendente dagli altri parametri, basta che lo siano approssimativamente le distribuzioni finali, e c'è una forte
tendenza a far sì che ciò si verifichi.

Si vede immediatamente che, data un'osservazione, $\mu_1 - \mu_2$ è distribuita approssimativamente come una certa combinazione lineare

L.J.Savage

di due variabili t indipendenti, rispettivamente con N_1 e N_2 gradi di libertà.

Il problema di Behrens-Fisher è stato la bestia nera dell scuola Neyman-Pearson. Wilks [50] dice di aver dimostrato che non esistono intervalli di confidenza, ma ha perduto i suoi appunti e so che molti sforzi di provare ciò sono falliti, ma è anche vero che un tale intervallo basato solo sulla quaterna di statistic sufficienti x_1, x_2, s_1, s_2, senza ricorso a strategie miste, non è stato mai scoperto.

Bartlett[1] ha fatto un tentativo in questo senso ma impiegando (almeno implicitamente) strategie miste: se noi abbiamo due esperimenti con lo stesso numero di prove $N = N_1 = N_2$ possiamo mettere re in corrispondenza biunivoca i due campioni di misure in modo arbitrario e possiamo formare la quantità $y_n = x_{n,1} - x_{n,2}$ e poi dimenticare di aver mai visto gli x e fare un'analisi degli y che sono distribuiti con media $\mu_1 - \mu_2$ e varianza $\sigma_1^2 + \sigma_2^2$. Dall'analisi della distribuzione degli y possiamo ottenere informazioni su $\mu_1 - \mu_2$.

Se gli y fossero i dati tale analisi sarebbe giustificata, ma gli y non sono i dati, gli x sono i dati e noi nel calcolare gli y abbiamo preso una permutazione qualsiasi degli x . Se prendiamo un'altra permutazione accadrà ovviamente che la media di y resterà costante, ma la varianza potrà cambiare. Cioè se valutiamo $\mu_1 - \mu_2$ con questo metodo può darsi che per una certa combinazione otteniamo un intervallo di lunghezza 1 e con un'altra combinazione non meno legittima otteniamo un intervallo di lunghezza 3. Sembra quanto mai imprudente usare un'analisi scelta a caso, quando altre analisi che avrebbero potuto essere scelte avrebbero portato a conclusioni completamente diverse.

---

(1)
Le sue ricerche, non pubblicate, sono menzionate da Scheffé che le ha riprese e sviluppate in [41].

L.J.Savage

8.- VERIFICHE DI IPOTESI.

I moderni testi e articoli di statistica danno grande risalto a quell'argomento che essi chiamano "verifiche di ipotesi". Voi avete veduto qualche cosa circa le verifiche delle ipotesi e il contributo della concezione soggettiva a tale argomento quando ho parlato della dicotomia semplice: infatti il problema centrale consisteva nel verificare quale delle due ipotesi semplici fosse da accettare. Vi sono molti concetti riguardanti la verifica delle ipotesi che non sono evocati dalle dicotomie semplici, e io, benchè non sia preparato a far ciò come desiderei, mi sento obbligato a presentarvene alcuni prima di terminare il corso.

Nella locuzione "verifica di un'ipotesi nulla" sono contenute, come in un letto di Procuste, almeno tre differenti situazioni. Il fatto che queste tre situazioni, benchè completamente diverse, siano state così poco differenziate non arreca grande meraviglia, in quanto le reali differenze riguardano le probabilità iniziali per le quali gli oggettivisti mancano di un adeguato vocabolario.

Illustrerò la cosa narrando tre versioni della leggenda della corona del re Gerone. In tutte e tre le versioni il re sa o sospetta che i suoi orefici abbiano adulterato l'oro della nuova corona. Archimede, in una divertente circostanza, ha un'idea meravigliosa per determinare la densità della corona: pesare la corona e dell'oro puro prima nell'aria e poi nell'acqua. Facendo una piccola violenza alla storia supporrò che in effetti Archimede si proponesse di misurare un numero δ, con errore di misura normalmente distribuito con scarto quadratico medio σ attorno a δ. La corona non è adulterata, più densa dell'oro puro, o meno densa, a seconda che

$$\delta = 0 \quad , \quad \delta > 0 \quad , \quad \delta < 0$$

L.J.Savage

(Preferisco dimenticare qui che il presunto adulterante era argen-
to, che avrebbe reso più leggera la corona; il tener conto di questo
fatto condurrebbe a quelli che vengono detti "test unilaterali" che,
volendo, potete esaminare per vostro conto). In conseguenza delle
sue informazioni e dei suoi obiettivi, si può immaginare che Gerone assumesse uno dei seguenti atteggiamenti.

Versione 1. Il re è sicuro che vi è stata una truffa, e la sua
opinione circa l'entità della truffa è diffusa rispetto alla misura
che Archimede si propone di fare. Il re desidererebbe decidere se
la corona è più o meno densa dell'oro.

Versione 2. Il re è sicuro che vi è stata una truffa, ma la
sua opinione non è diffusa. Al contrario, egli è abbastanza convin-
to che $|\delta| < 2\sigma$. Anche questa volta vorrebbe decidere se la corona
è più o meno densa dell'oro.

Versione 3. Il re ha una certa fiducia, piccola o grande che
sia, nella possibilità che non vi sia stata truffa ($\delta = 0$), e la
sua opinione sull'entità della truffa, condizionata al fatto che
vi sia effettivamente stata, è diffusa rispetto alla misura proposta. Egli vuole impiccare gli orefici se sono colpevoli, altrimenti no.

Secondo molti testi oggettivisti la risposta del re ad una misura x dovrebbe essere all'incirca la stessa in tutte e tre le versioni.

Dovrebbe scegliere una piccola probabilità a, per esempio
$a = 0,05$, $0,01$ o $0,001$ a sua discrezione. Dovrebbe poi calcolare la
probabilità che $t \approx x/\sigma$ sia grande almeno quanto il valore osservato se δ fosse 0,

$$1 - \int_{-|t|}^{+|t|} \phi(z)\,dz = \Phi(-|t|) + (1 - \Phi(|t|)) = 2 - 2\Phi(|t|)$$

L.J.Savage

Se questa probabilità fosse minore del suo a egli dovrebbe respingere l'ipotesi nulla, altrimenti accettarla. Nel caso delle versioni 1 e 2, il rigetto significherebbe prendere il segno di x come una indicazione del segno di δ . Nel caso della Versione 3, significa impiccare gli orefici.

Un'altra dottrina oggettivista che potrebbe essere applicata ai casi 1 e 2 consiste nel non respingere ad un a fissato, ma di considerare $a(t) = 2 - 2 \oint (.|t|)$ come una specie di misura del dubbio che il re avrebbe nel respingere l'ipotesi nulla. Vedrete che ambedue le dottrine oggettivistiche menzionate risultano non completamente appropriate alla versione 1, e decisamente inappropriate alla versione 2 e 3. Non mi è nota nessuna versione alla quale siano appropriate.

Nella versione 1 il re è abbastanza sicuro prima di fare la misura che otterrà un'informazione praticamente inequivocabile circa il segno di δ, che è ciò che vuole conoscere in questa versione. Potrebbe, per esempio, essere pronto a scommettere 100 a 1 che $|x|$ risulterà maggiore di 46. Infatti, se x fosse così grande, i principi della misura diffusa non lascerebbero al re che un piccolissimo dubbio circa il segno di δ , benchè (sotto circostanze piuttosto abituali) sarebbe voler abusare di quei principi tentare di misurare questo dubbio con qualche cosa che non fosse una grossolana limitazione superiore.

Se, tuttavia, accade che x cada, per esempio, nell'intervallo compreso tra 0 e 36 o 46, il re può (sotto circostanze favorevoli) trovare che $1 - \oint (.|t|)$ è la probabilità che il segno di δ non sia quello di x. Notate che $1 - \oint (.|t|)$ non è $a(t)$ ma $1/2\ a(t)$ cosicchè la dottrina oggettivistica, in ambedue le varianti, non è completamente appropriata alla versione 1.

L.J.Savage

Nella Versione 2, invece, il re si aspetta di trovare x compreso tra 0 e 26 . Se ciò difatti accade la sua distribuzione finale di δ, e in particolare la probabilità finale che δ sia positiva, dipende sensibilissimamente dal comportamento della sua distribuzione di δ in prossimità di $\delta = 0$. In questo caso l'esperimento inevitabilmente lo lascerebbe nel dubbio. Ogni teoria che pretenda di fare di più per raggiungere una conclusione circa il segno di δ senza usare l'opinione iniziale del re va troppo lontano.

La Versione 3 ha un'interessante teoria: sono in debito con Jeffreys non soltanto per tale impostazione, ma per la stessa idea di considerare problemi di questo tipo. Sia I la probabilità iniziale che il re attribuisce al fatto che δ sia 0. Sia $\pi(\delta)$ la sua (diffusa) densità iniziale per δ supposto $\delta \neq 0$.

Le corrispondenti quantità finali sono determinate da

$$I' = o/\sigma \cdot \phi(x/\sigma) = o/\sigma \, \phi(t) \cdot I \qquad (1)$$

e

$$\bar{I}'\pi'(\delta) = \rho/\sigma \, \phi\left(\frac{x - \delta}{\sigma}\right) \cdot I'\pi(\delta) \qquad (2)$$

Integrando la (2) ricordando che π è supposto diffuso relativamente a ϕ possiamo concludere che

$$I' \simeq o \cdot \pi(x) \cdot \bar{I} \qquad (3)$$

Dividendo la (1) per la (3) si ottiene un'approssimazione per i "rapporti" finali in favore dell'innocenza (δ 0),

$$\frac{I'}{\bar{I}'} \simeq \phi(t) \cdot 1/\sigma \cdot 1/\pi(x) \cdot \frac{I}{\bar{I}} \qquad (4)$$

E' piacevole trovare che i rapporti finali sono multipli di quelli iniziali. L'altro aspetto dell'opinione iniziale del re su δ che entra nel problema è $\pi(x)$. La dottrina oggettivistica suggerirebbe invece che la sola cosa importante circa la misura per la decisione del re sarebbe l'area di "coda" $\alpha(t)$. Ma, in effetti, è attraverso la densità $\phi(t)$ che t entra, e σ è altrettanto im-

L.J.Savage

portante quanto t . (Quantitativamente, la presenza di σ può essere considerata trascurabile; per esempio, il valore di t che ren-
de il fattore critico $\phi(t)$ uguale a $\sqrt{2\pi}\,10^{-4}$ è $[(8-2\lg_{10}\sigma)/\lg_{10}e]^{1/2}$
che varia soltanto di poco quando σ varia tra 1/10 e 10. Ma concet-
tualmente il ruolo di σ resta essenziale). Probabilmente è possibile trovare negli scritti degli oggettivisti un precedente per
l'importanza di σ ma, in linea di massima, ciò è in contrasto con
la tradizione oggettivistica.

Il re impiccherà gli orefici se $I'/\bar{I}'$ è sufficientemente grande. Egli può essere seriamente pressato a dire a se stesso quale
grandezza è sufficientemente grande o a valutare il fattore personale $I/\pi(x)\bar{I}$. Questo bisogno di autoconoscenza può lasciarlo in
dubbio, ma spesso t e σ saranno tali che valutazioni molto grossolane del fattore personale e dei rapporti critici saranno sufficienti. Inoltre nella vita reale il re potrebbe essere in grado di
fare una nuova misura, se in dubbio, o di accettare il rischio di
scusare una lieve colpa come relativamente senza importanza: ambedue questi fatti migliorano la situazione. Una teoria generale
della verifica delle ipotesi strette corrispondente alla Versione 3 è stata studiata, ma non ancora pubblicata da Dennis Lindley
[27].

L.J.Savage

9.- COMMIATO

Ho tentato di mostrare in queste lezioni perchè io credo che il metodo statistico sia alla soglia di un nuovo periodo di sviluppo e di rinnovamento. Sono felice di poter portare tale messaggio ai giovani statistici che partecipano a questo corso, perchè un periodo di rivoluzione intellettuale è un periodo in cui si aprono grandi possibilità per i giovani. Voi che siete in Italia, dove le tradizioni oggettiviste sono state lungamente sottoposte a critiche e dove il punto di vista soggettivo della probabilità è stato sviluppato in tutta la sua completezza, vi trovate in una posizione particolarmente buona per risolvere molti importanti problemi che stanno venendo rapidamente in superficie.

L.J.Savage

BIBLIOGRAFIA

BARTLETT, M.S.
    1.- *Probability and chance in the theory of statistics*,
       "Proc.Roy.Soc." A, 141 (1933), 518.

BERNOULLI, DANIEL
    2.- *Specimen theoriae novae de mensura sortis*, "Comment.Acad.
       Scient.imper.Petropolitanae", 1738 (ripr.ted.1896, ingl.
       "Econometrica", 1954).

CRAMER, HARALD
    3.- *Mathematical Methods of Statistics*, Princeton Un.press,
       1946.

DVORETSKY, A., WALD A., WOLFOWITZ J.
    4.- *Elimination of randomization in certain statistical deci-
       sion procedures and zero-sum two-person games*, "Ann.Math.
       Stat.", 22 (1951), 1-21.

FELLER, WILLIAM
    5.- *An introduction to Probability Theory and Its Applications*,
       vol.I (per ora unico), Wiley, New York, 1950 (2^a ed.1958).

    6.- *Statistical aspects of ESP*, "Journal of Parapsychology",
       4 (1940) 271-298 (v.anche l'articolo seguente di J.A.Green-
       wood e C.E.Stuart e le osservazioni di Feller in [5], p.336).

DE FINETTI, BRUNO
    7.- *La prévision: ses lois logiques, ses sources subjectives*,
       "Ann.Inst.H.Poincaré", Paris, 7 (1937), 1-68.

    8.- *La Probabilità e la Statistica nei rapporti con l'Indu-
       zione secondo i diversi punti di vista* (questo Ciclo Va-
       renna).

FISHER, RONALD A.
    9.- *Statistical Methods for Research Workers*, Oliver & Boyd,
       Edinburgh and London, 1925.

   10.- *Statistical Methods and Scientific Inference*, Hafner, New
       York, 1956.

   11.- *Contributions to Mathematical Statistics*, Wiley, New York
       1950.

GOOD, I.J.
   12.- *Probability and the Weighing of Evidence*, Griffin, London,
       1950.

   13.- *Rational Decision*, "J.R.S.S."(B), 14 (1952), 107-114.

JEFFREYS, HAROLD
   14.- *Theory of Probability*, Clarendon Pr., Oxford, 1939 (2^{a}ed.
       1948).

L.J.Savage

KENDALL, MAURICE G.
15.- *The Advanced Theory of Statistics*, Voll.I e II, Griffin, London, 1947 (e varie edizioni successive).

KOOPMAN, B.O.
16.- *The Axioms and Algebra of Intuitive Probability*, "Ann.Math.", Ser.2, 41 (1940), 269-292.

17.- *The Bases of Probability*, "Bull.Amer.Math.Soc", 46 (1940) 763-774.

18.- *Intuitive Probabilities and Sequences*, "Ann.Math.", Ser.2, 42 (1941), 169-187.

KULLBACK, S. e LEIBER E.A.
19.- *On information and sufficiency*, "Ann.Math.Stat.", 22 (1951) 79-86.

LE CAM, LUCIEN
20.- *Les Propriétés asymptotiques des solutions de Bayes*, "Publications de l'Institut de Statistique de l'Université de Paris", 7 (1958), 17-35.

LEHMANN, ERICH L.
21.- *Some principles of the theory of testing hypotheses*, "Ann. Math.Stat.", 21 (1950) 1-26.

22.- *Significance level and power*, "Ann.Math.Stat.", 29 (1958), 1167-1176.

23.- *Testing Statistical Hypotheses*, Wiley, New York, 1959.

LINDLEY, DENNIS V.
24.- *Statistical Inference*, "J.R.S.S." (B), 15 (1953), 30-76.

25.- *A statistical Paradox*, "Biometrixa", 44 (1957), 187-192.

26.- *Professor Hogben's "Crisis" - A Survey of the Foundations of Statistics*, "Applied Statistics", 7 (1958) 186-198.

27.- Intervento alla "Conference on the foundations of Statistics", Birkbeck and Imperial Colleges, Univ.Londra, 27-28 luglio 1959.

MOLINA, EDWARD C.
28.- *Bayes' Theorem*, "Ann.Math.Stat.", 2 (1931), 23-27.

29.- *Some Fundamental curves for the solution of sampling problems*, "Ann.Math.Stat.", 17 (1946), 325-335.

30.- *Bayes' Theorem, an Expository presentation*, "Bell Telephone System Technical Publications", Monograph B 557 (April, 1931).

NEYMAN, JERZY
31.- *Outline of a Theory of Statistical Estimation Based on the Classical Theory of Probability*, "Phil.Trans.Roy.Soc.", A, 236 (1937), 333-380.

L.J.Savage

NEYMAN, JERZY
    32.- *Lectures and Conferences on Mathematical Statistics and Probability*, U.S. Dept.of Agricolture, Wash.D.C., 1952 (1ª ed.1938).

NEYMAN, JERZY e EGON S. PEARSON
    33.- *On the use Interpretation of Certain test criteria for Purposes of Statistical Inference*, "Biometrika", 20 A (1928), 175-240 e 263-294.

    34.- *On the testing of Statistical Hypotheses in relation to Probability a priori*, "Proc.Cambridge Phil.Soc.", 29 (1932-33), 492-510.

    35.- *On the problem of the most Efficient tests of Statistical Hypotheses*, "Phil.Trans.Roy.Soc.", A, 231 (1933), 289-337.

    36.- *Contributions to the theory of Testing Statistical Hypotheses : I. Unbiassed Critical regions of Type A and Type A_1*. "Stat.Research Mem." 1 (1956), 1- ; *II. Certain Theorems on unbiassed critical regions of type A; III. Unbiassed tests of simple statistical hypotheses specifying the values of more than one unknown parameter*. Ibid., 2 (1938), 25-.

    37.- *Sufficient Statistics and uniformly most powerful tests of Statistical hypotheses*, "Stat.Research Mem", 1 (1936) 113.

RAMSEY, FRANK PLUMPTON
    38.- *The Foundations of Mathematics and Other Logical Essays*, Kegan, London, 1931, (in partic.: "Truth and Probability", del 1926, e "Further considerations", del 1928).

ROBBINS, HERBERT
    39.- *Some aspects of the sequential design of experiments*, "Bull.Amer.Math.Soc." 58 (1952), 527-535.

SAVAGE, LEONARD J.
    40.- *The Foundations of Statistics*, Wiley, New York, 1954.

SCHEFFE', HENRY
    41.- *On solutions of the Behrens-Fisher problem, based on the t-distribution*, "Ann.Math.Stat.", 14 (1943), 35-44; (e nota aggiuntiva ibidem, (1944) 430-432).

SCHLAIFER, ROBERT
    42.- *Probability and Statistics for Business Decisions*, McGraw-Hill, New York, 1959.

SIMON, LESLIE E.
    43.- *An Engineer's Manual of Statistical Methods*, Wiley, New York, 1941.

L.J.Savage

STEIN, CHARLES
44.- *A two-sample test for a linear hypothesis whose power is independent of the variance*, "Ann.Math.Stat.", 16 (1945), 243-258.

TUKEY, JOHN
45.- *Some examples with Fiducial Relevance*, "Ann.Math.Stat.", 28 (1957), 687-695.

WALD, ABRAHAM
46.- *Selected Papers in Statistics and Probability*, McGray-Hill, New York, 1955.

47.- *Statistical Decision Functions*, Wiley, New York, 1950.

WHITTLE, PETER
48.- *Curve and Periodogram Smoothing*, (Symposium on Spectral Approach to Time Series), "J.R.S.S." (B) 19, 1 (1957) 38-47.

49.- *On the Smoothing of Probability Density Functions*, "J.R.S.S." (B) 20, 2 (1958) 334-343.

WILKS, S.S.
50.- *On the problem of two samples from normal populations with unequal variances*, "Ann.Math.Stat.", Vol.11 (1940), 475-476.

CENTRO INTERNAZIONALE MATEMATICO ESTIVO
(C.I.M.E.)

LUCIANO DABONI

CENNI SULLE CATENE DI MARKOFF

ROMA – Istituto Matematico dell'Università – 1959

CENNI SULLE CATENE DI MARKOFF

di

LUCIANO DABONI

La conversazione che sono stato invitato a tenere in questo
Seminario ha lo scopo di richiamare alcune nozioni sulle catene
di Markoff. L'argomento è noto e più o meno diffusamente (e in
diversi modi) illustrato in ogni trattato di Calcolo delle probabilità. Rammentare qui questioni e risultati fondamentali torna
peraltro utile per seguire più agevolmente le lezioni che il
Prof.Ville va svolgendo nel suo Corso. Cercherò di corredare l'e-
sposizione con qualche cenno bibliografico.

Consideriamo una successione di eventi (o risultati di successive "prove") che studieremo in un caso particolarmente semplice di dipendenza stocastica supponendo, precisamente, che il
risultato di ogni prova dipenda da quello della precedente e da
quello soltanto.

Si realizza in tal modo (nel caso più semplice; a generalizzazioni si accennerà in fine) uno schema o processo stocastico
che, dal nome dell'Autore che ne iniziò lo studio nel 1907, prende il nome di "processo a catena di Markoff" o più semplicemente
"catena di Markoff".

Con linguaggio più in uso nella teoria di tale processo, consideriamo l'evolversi nel tempo di un sistema fisico Σ suscettibile di assumere diversi stati E_h (in numero finito o costituenti una infinità numerabile).

Le "prove" che si succedono su un insieme discreto di istanti, consistono nel far passare il sistema Σ da uno stato E_h ad
uno stato E_k. Il processo è compiutamente caratterizzato asse-

L.Daboni

gnando : 1) le probabilità subordinate p_{hk} che Σ sia in E_k se nella precedente prova era in E_h; 2) la distribuzione iniziale di probabilità $\{a_h\}$ di appartenenza di Σ ai vari stati [1].

La matrice (di ordine finito o no)

$$P = \left\|\;\begin{matrix} p_{11} & p_{12} & \cdots & p_{1n} & \cdots \\[2ex] p_{21} & p_{22} & \cdots & p_{2n} & \cdots \\[4ex] p_{n1} & p_{n2} & \cdots & p_{nn} & \cdots \end{matrix}\;\right\|$$

i cui elementi sono le dette probabilità di passaggio dicesi matrice stocastica. (Gli elementi sono tutti ≥ 0; la somma degli elementi di una riga è uguale all'unità: perchè ad ogni successiva prova Σ rimane nello stato in cui si trovava nella precedente o passa ad uno qualunque degli altri).

Citiamo un paio di esempi illustrativi.

1) Il metodo di lancio di un dado sia tale che ad ogni colpo risulti favorito il punto apparso nella prova precedente e svantaggiato il suo complementare a 7 (usualmente segnati su facce opposte). Intendendo che lo stato E_k significhi la realizzazione di k punti (k = 1,2,...,6) si può supporre ad esempio che sia

----

(1)
    Si consideri la evidente analogia col problema di Cauchy per un'equazione differenziale del I° ordine. Ponendoci nelle consuete ipotesi di regolarità, la conoscenza del comportamento "locale" di una funzione [com'è descritto dalla $y' = f(x,y)$] e delle condizioni iniziali $[y(x_0) = y_0]$, la determinano in un intervallo.

L.Daboni

$$p_{hk} = \begin{cases} 2/9 & \text{se } k = h \\ 1/9 & \text{se } k = 7-h \\ 1/6 & \text{negli altri casi.} \end{cases}$$

La matrice stocastica è quindi :

$$\begin{vmatrix} 2/9 & 1/6 & 1/6 & 1/6 & 1/6 & 1/9 \\ 1/6 & 2/9 & 1/6 & 1/6 & 1/9 & 1/6 \\ 1/6 & 1/6 & 2/9 & 1/9 & 1/6 & 1/6 \\ 1/6 & 1/6 & 1/9 & 2/9 & 1/6 & 1/6 \\ 1/6 & 1/9 & 1/6 & 1/6 & 2/9 & 1/6 \\ 1/9 & 1/6 & 1/6 & 1/6 & 1/6 & 2/9 \end{vmatrix}$$

e per individuare il processo basterebbe assegnare le probabilità dei singoli punti al primo lancio (ad esempio $a_h = 1/6$ per $h = 1, 2, \ldots, 6$)[2].

2) Si consideri una popolazione inizialmente costituita da M individui. In ciascuno degli istanti della successione $1, 2, \ldots n, \ldots$ la popolazione può aumentare o diminuire di una unità. Da E_h (composizione della popolazione $= h$) si può quindi passare solamente a E_{h-1} o a E_{h+1} ($h \geq 1$; da E_o solo ad E_1 e con probabilità 1; oppure si può convenire che se Σ si trova ad un certo istante in E_o, non possa più uscire da esso. Allora E_o dicesi stato assorbente; in tal caso è $p_{oo} = 1$). Le probabilità di passaggio sono ovviamente esprimibili in funzione dei tassi di entrata ed uscita che, a loro volta, possono utilmente riguardarsi come

─────────

[2]

    Cfr. B.de Finetti "Lezioni di Matematica attuariale" A.A. 1956-57, Ed."Ricerche" - Roma, pag.157 e seg..

L.Daboni

funzioni della composizione.

La matrice stocastica, nel caso che E_o non sia uno stato assorbente, è :

$$
\begin{vmatrix}
0 & 1 & 0 & \cdots \cdots \cdot \\
p_{10} & 0 & p_{12} & 0 \cdots \cdots \cdot \\
0 & p_{21} & 0 & p_{23} \, \cdots \cdot \\
& & & \\
\cdots \cdots \cdot & 0 & p_{h,h-1} & 0 & p_{h,h+1} & 0 \cdots \\
& & \cdots \cdots \cdot \\
\end{vmatrix}
$$

(ovvia la modifica nell'altro caso). La distribuzione iniziale è concentrata $a_M = 1$, $a_h = 0$ $h \neq M$ [3].

Riprendendo l'esame del processo in generale, osserviamo che la probabilità $p_{hk}^{(2)}$ che Σ passi da E_h ad E_k in due prove è data dalla $p_{hk}^{(2)} = \sum_i p_{hi} p_{ik}$ (perchè in una prima prova Σ potrà passare da E_h ad E_i generico e quindi da E_i ad E_k; tenendo conto di tutte le modalità, incompatibili, si perviene alla formula scritta in cui la sommatoria è estesa ad un numero finito di termini o rappresenta la somma di una serie).

Per induzione si trova facilmente la formula ricorrente

$$
p_{hk}^{(n+1)} = \sum_i p_{hi} p_{ik}^{(n)}
$$

Le $p_{hk}^{(n)}$ sono gli elementi di una nuova matrice P^n che, come

---

(3)

Per maggiori notizie su tale processo si veda in W.Feller : An introduction to probability theory and its applications - Vol.I Cap.17, §5 della I edizione.

L.Daboni

subito si constata, è la potenza n-esima della P. Tale potenza P^n è l'operatore che muta la distribuzione iniziale di probabilità di appartenenza di Σ ai vari stati in quella relativa alla n-esima prova.

Se $a_k^{(n)}$ è la probabilità (assoluta) di trovare Σ in E_k dopo n prove, avremo infatti : $a_k^{(n)} = \sum_h a_h p_{hk}^{(n)}$ essendo a_h la probabilità che inizialmente Σ sia in E_h. Può avvenire che, per ogni n e k, risulti $a_k^{(n)} = a_k$; la distribuzione $\{a_k\}$ dicesi allora "stazionaria".

Di fondamentale interesse è lo studio del comportamento del processo al tendere all'infinito del numero n delle prove. Intuitivamente è da attendersi che, al limite, la probabilità che il sistema Σ si trovi in E_k riesca indipendente dalla distribuzione iniziale e ciò per l'attenuarsi, nel tempo, della influenza delle condizioni iniziali.

E' peraltro evidente che tale fatto è strettamente condizionato dalla "struttura" dell'operatore P (e quindi delle sue successive potenze) ed è parimenti chiaro che il fatto che la matrice abbia ordine finito o no gioca un ruolo essenziale per la scelta degli strumenti analitici con cui il problema va affrontato.

Diremo di trovarci nel caso "regolare" (o positivamente regolare) quando le $p_{hk}^{(n)}$ tendono, per $n \to \infty$, a dei limiti positivi u_k che non dipendono da h . Dalla $a_k^{(n)} = \sum_h a_h p_{hk}^{(n)}$ e, tenendo conto della $\sum_h a_h = 1$ scende allora che $a_k^{(n)} \to u_k$. Tali u_k soddisfano necessariamente le

$$u_k = \sum_h u_h p_{hk}$$

$$\sum_h u_h = 1$$

L.Daboni

e asintoticamente il processo è stazionario (è cioè stazionaria
la distribuzione $\{u_k\}$).

Trattasi ora di ricercare le condizioni cui deve soddisfare
l'operatore P perchè si verifichi la proprietà che ci interessa,
nota col nome di proprietà ergodica.

Nel caso in cui l'ordine della matrice è finito (numero finito, N, di stati possibili) torna utile l'esame degli autovalori
dell'operatore P (cioè delle direzioni unite della omografia vettoriale P ; basti pensare alla $u_k = \sum_1^N u_h \, p_{hk}$).

Poichè l'omografia muta vettori a componenti ≥ 0 e di somma
1 in vettori dello stesso tipo (distribuzioni di probabilità in
distribuzioni di probabilità) ne viene che gli autovalori della
matrice non possono superare in modulo l'unità e non tutti possono essere in modulo minori di 1 (uno di essi è certamente uguale
a 1). Il caso regolare è caratterizzato dalla circostanza che un
autovalore è uguale a 1, tutti gli altri essendo in modulo minori di 1.

Ne segue, pensando l'omografia ridotta in forma canonica
(matrice diagonale), che ogni sua successiva applicazione (potenza) riduce tutte le componenti del vettore trasformato tranne u-
na (quella sulla direzione unita r_1 che compete all'autovalore 1).
Qualunque sia il vettore inizialmente considerato, al limite per
$n \to \infty$ il vettore trasformato si trova sulla direzione unita r_1 (e
rimane individuato dal fatto che la somma delle sue componenti
è 1)[4].

---

(4)
    Si veda in proposito M.Fréchet : Recherches théoriques moder-
nes sur le calcul des prob. Libro II. (Gauthier Villars 1938 Paris) o A.Blanc-Lapierre - R.Fortet : Théorie des Fonctions Aléa-
toires 1953. Paris. Per l'interpretazione geometrica qui ripor-

./.

L.Daboni

La ricerca degli autovalori di una matrice non è in generale agevole (specie se l'ordine N è elevato). Si dispone però del seguente criterio di regolarità (Markoff) : Condizione necessaria e sufficiente perchè il caso sia regolare è che esista un indice n_o tale che le $p_{hk}^{(n_o)}$ siano tutte positive (e allora lo sono le $p_{hk}^{(n)}$ per tutti gli $n \geq n_o$).

Una chiara esposizione del procedimento dimostrativo ideato dal Markoff trovasi nel recente trattato di B.W. Gnedenko[5].

Si prova anzitutto che le due grandezze $\min_h p_{hk}^{(n)}$ e $\max_h p_{hk}^{(n)}$ sono funzioni monotone di n, non decrescente la prima, non crescente la seconda. Basta allo scopo osservare che le $p_{hk}^{(n)}$ sono medie ponderate delle $p_{ik}^{(n-1)}$ con pesi p_{hi}, non negativi e ≤ 1. Da ciò e dalla limitatezza delle grandezze in esame segue la loro convergenza, per $n \to \infty$, a dei limiti $\underline{u}_k, \bar{u}_k$ indipendenti da h. Si prova poi, sfruttando la proprietà che le $p_{hk}^{(n)}$ sono tutte positive da un certo n_o in poi, che la massima delle differenze $p_{hk}^{(n)} - p_{ik}^{(n)}$ $(h,i = 1,2,\dots,N)$ tende allo zero per $n \to \infty$; di qui $\underline{u}_k = \bar{u}_k = u_k$ ed è provata la sufficienza. La necessità della condizione è immediata (i limiti degli elementi di ogni colonna sono positivi quindi ....).

Rimanendo nell'ambito del caso regolare è interessante notare che quando la matrice P è "doppiamente stocastica"(cioè è uguale a 1 anche la somma degli elementi di ogni colonna)i limiti delle $p_{hk}^{(n)}$ riescono indipendenti da k (oltre che da h). Come segue dalla $u_k = \sum_h u_h p_{hk}$, essi sono necessariamente uguali e uguali

tata Cfr.B.de Finetti : Calcolo delle probabilità (dispense delle lezioni all'Università di Padova A.A. 1937-38), o"Seminari di di Matematica finanziaria e attuariale" Roma 1958.
(5)
    B.W.Gnedenko : Lehrbuch der Wahrscheinlichkeitsrechnung- Akademie Verlag - Berlin 1957.

L. Daboni

a 1/N. La condizione che la matrice sia doppiamente stocastica è anzi condizione necessaria e sufficiente perchè si verifichi tale circostanza. La distribuzione $\{u_k\}$ è uniforme e una distribuzione iniziale $\{a_k\}$ uniforme è stazionaria. E' il caso dell'esempio 1°.

Sempre al fine di studiare il comportamento asintotico delle $p_{hk}^{(n)}$ si possono utilmente impiegare dei procedimenti diretti, di maggior interesse probabilistico, che si basano sulla analisi della decomposizione degli N stati in gruppi disgiunti e indecomponibili. A tale decomposizione si perviene classificando gli stati E_k a seconda che il ritorno di Σ in E_k possa avvenire prima o poi con prob. $= 1$ o < 1 e ciò dopo un numero qualunque di prove oppure solo in quelle il cui numero d'ordine è multiplo di un intero $t > 1$ (che è il minimo intero che gode di tali proprietà e prende il nome di periodo).

Così in Feller (loc.cit.), ma l'analisi della decomposizione può esser eseguita anche a partire da altre considerazioni.[6] La impostazione seguita dal Feller consente di trattare in modo unitario i casi di un numero finito o di una infinità numerabile di stati e riesce quindi la più esauriente.

Con la terminologia di quell'Autore, il ritorno di Σ in E_k è un "evento ricorrente" che può essere certo o incerto (può cioè avvenire con prob. $= 1$ o < 1). Conseguentemente gli stati E_k si dividono in "ricorrenti" e "di passaggio". Uno stato ricorrente

---

(6)
    Si veda oltre le opere citate di Fréchet e Blanc-Lapierre - Fortet, anche J.L.Doob. Stochastic Processes. J Wiley N.Y. 1953.
    Con riferimento alla omografia P, si dimostra che i soli possibili autovalori della P di modulo 1 e diversi da 1 sono radici t-esime dell'unità; il presentarsi di tali autovalori corrisponde al caso di periodicità, con periodo t, del ritorno.

L.Daboni

per il quale il tempo medio di ritorno sia infinito è detto uno "stato nullo" mentre E_k dicesi "ergodico" se è ricorrente, non periodico, con tempo medio di ritorno finito.

Mi limito qui a ricordare che si presenta il caso regolare quando tutti gli stati di una catena irriducibile (non ulterior-mente decomponibile in sottogruppi) sono ergodici. I reciproci dei limiti positivi u_k cui tendono le $p_{hk}^{(n)}$, sono allora i tempi medi di ritorno di Σ in E_k (7).

Ho richiamato brevemente la questione più interessante (pro-prietà ergodica) ed i concetti informatori delle dimostrazioni dei teoremi ad essa relativi. Chiudo questa rapida rassegna os-servando che la denominazione di "catena di Markoff" è usata in senso più generale di quello sin qui considerato (processo omoge-neo, di 1° ordine o semplice).

Una prima generalizzazione consiste nel togliere la omoge-neità per considerare il caso in cui le probabilità di passaggio nella prova m-esima dipendono da m.

Si dice poi che la catena è(multipla) di ordine 2 (in gene-rale s) se il risultato di una prova non è più influenzato sola-mente da quello della prova precedente ma da entrambi quelli del-le due precedenti e da quelli soltanto.Lo studio delle catene mul-tiple può essere ricondotto a quello delle catene semplici trami-te la nozione di "processo vettoriale" considerando come risulta-to di un'unica prova quello che si configura nell'appartenenza di Σ a s stati (in s successivi colpi).

---

(7)
    Nell'esempio 1°) : il tempo medio di ritorno è 6 : ogni fac-cia riappare in media dopo 6 colpi.

CENTRO INTERNAZIONALE MATEMATICO ESTIVO

(C.I.M.E.)

213

S.LOMBARDINI

DECISIONI ECONOMICHE IN CONDIZIONI DI INCERTEZZA

ROMA :- Istituto Matematico dell'Università - 1959

213

DECISIONI ECONOMICHE IN CONDIZIONI DI INCERTEZZA

di

SIRO LOMBARDINI

1.- BREVE RICHIAMO ALLE PRINCIPALI TEORIE SULL'INCERTEZZA.

In questa mia relazione non mi propongo di discutere le recenti teorie sul comportamento economico in condizioni d'incertezza, ma di indicare alcuni problemi peculiari che si profilano quando si studia un mondo economico incerto.

L'analisi dell'attività economica in condizioni d'incertezza è relativamente recente. Sia gli economisti classici che quelli marginalisti hanno studiato i problemi del consumatore e del-
l'impresa nell'ipotesi di perfetta conoscenza dei dati del problema. L'incertezza della vita economica veniva considerata solo
in quanto si riteneva da molti suscettibile di aumentare il saggio d'interesse oltre il livello di equilibrio quale risulterebbe
nell'ipotesi di conoscenza certa dei dati da parte degli operatori economici [1]. Questa opinione non aveva alcuna influenza sulla struttura essenziale della teoria, quale risultava dall'applicazione dei criteri marginalisti, nè ad essa gli economisti erano
pervenuti attraverso una più generale analisi del comportamento e-
conomico in condizioni d'incertezza. Neppure nelle osservazioni
empiriche essa trovava conforto atteso che, come già lo Smith a-
veva osservato, il carattere rischioso di alcune attività agisce
come un motivo di richiamo per cui "il profitto ordinario del capitale benchè aumenti con l'elevarsi del rischio, sembra che non
sempre aumenti in proporzione a quello" [2].

Mentre nella ripresa degli studi sullo sviluppo economico e
sul processo dinamico l'incertezza cessa di essere considerata un

S.Lombardini

aspetto secondario dell'attività economica per diventare, secondo alcuni, l'aspetto essenziale della medesima, che concorre a determinare la funzione imprenditoriale (Knight) [3],e, secondo altri, una caratteristica inevitabile del processo di sviluppo, che si realizza attraverso l'invenzione imprenditiva di situazioni nuove (Schumpeter)[4], la teoria del consumatore e dell'impresa continua a svilupparsi lungo i binari tradizionali: gli aspetti peculiari che l'incertezza introduce si risolvono in regole statistico-contabili con le quali si determinano stime univoche delle variabili economiche incerte che poi vengono trattate nello stesso modo con cui nell'analisi tradizionale si trattavano le variabili certe[5].

Solo recentemente, parallelamente allo sviluppo delle teorie sui fondamenti della statistica, discusse in questo seminario, sonono stati fatti cospicui tentativi per una sostanziale riconsiderazione del comportamento economico nell'ipotesi che i dati del problema siano incerti.

Le teorie moderne si possono classificare a seconda che esse assumano o meno la capacità dell'individuo di discrimare tra le diverse alternative incerte. L'ipotesi di incapacità (da qualcuno indicata col termine di completa ignoranza) sta alla base della teoria del massiminimo di Wald e della teoria della minimizzazione della perdita temuta del Savage [6].

Le teorie de Finetti-Savage suppongono direttamente o indirettamente la capacità del soggetto di ordinare gli eventi incerti, in modo da rendere possibile l'attribuzione ad essi di probabilità soggettivamente intese [7]. Ed invero ad affermare tale possibilità basta sostanzialmente l'ipotesi che il soggetto sia coerente nelle sua valutazioni e nelle sue decisioni. Le altre ipotesi che le suaccennate teorie presuppongono appaiono giustifica-

S.Lombardini

te dalle esigenze di astrazione ohe ogni interpretazione scientifica comporta. L'ipotesi di coerenza è generalmente accolta nel-
l'analisi del comportamento del consumatore e dell'imprenditore
in condizioni di certezza. Le teorie ohe assumono l'incapacità
dell'individuo di ordinare gli eventi incerti in sostanza sosti-
tuiscono a queste ipotesi altre di dubbia validità, come l'ipotesi ohe l'individuo attribuisca al mondo e alla natura l'atteggiamento di ostilità del giocatore rivale (teoria di Wald) o ohe
esso giudichi per ogni possibile stato il risultato di ogni decisione relativamente a quello ohe si sarebbe verificato se si
fosse presa la decisione migliore (teoria del minimassimo di Savage) o ohe egli consideri per ogni decisione una combinazione
lineare del risultato migliore e del risultato peggiore (teoria
di Hurwicz) [8].

2.- OSSERVAZIONI SULLA GENERALIZZAZIONE DELLA NOZIONE DI UTILITA'.

Occorre osservare ohe non pochi equivoci sono sorti in relazione alle nuove applicazioni della nozione di utilità oui hanno
portato i ricordati sviluppi della teoria dell'incertezza [9]. In
verità la nozione di utilità aveva già subito una progressiva generalizzazione: dall'accezione edonistica si era passato alla più
ampia accezione paretiana. Recentemente funzioni indici di utilità sono state impiegate per esprimere alcuni obbiettivi dell'attività dell'impresa ohe non si possono rappresentare sinteticae-
mente mediante un indice monetario globale (profitto), in quanto riguardano la struttura del capitale [10]. Funzioni analoghe
trovano larga applicazione nell'economia del benessere. Ciò ohe
queste diverse funzioni indici hanno in comune è la loro capacità
ad esprimere delle preferenze di individui o di collettività. Non

S.Lombardini

è compito dell'economista stabilire quali sono i fattori che concorrono a determinare tali preferenze in quanto essi interessano
altre discipline e la loro analisi richiede quindi uno schema concettuale diverso da quello usato dall'economista [11]. Tuttavia
si usa affermare dagli economisti, con un tenue riferimento a considerazioni extra economiche, che le preferenze rappresentate dalla funzione dell'utilità nella sua accezione tradizionale riflettono i gusti ossia la gerarchia dei bisogni, mentre le preferenze
espresse dalla funzione indice di utilità sociale riflettono valutazioni politico-ideologiche.

La funzione di utilità può essere utilizzata per rappresentare le preferenze tra prospetti incerti che possono essere costi-
tuiti dalla quantità di un dato bene, suscettibile di assumere diversi valori con diverse probabilità (soggettive)), o da diverse
combinazioni di beni pure espressi da variabili casuali. Il secondo è il caso tipico nella teoria del consumatore, il primo nella
teoria dell'impresa. Quando l'obbiettivo dell'impresa è esprimi-
bile mediante valori certi di una unica variabile (profitto) il
problema dell'impresa si risolve nella massimizzazione di tale variabile: quando invece il profitto può assumere diversi valori con
diverse probabilità, occorre ridurre le due dimensioni dell'obbiettivo dell'impresa ad una sola. Ciò è possibile introducendo una
funzione di utilità che meglio sarebbe indicare col termine di
funzione di preferibilità. Tale funzione riflette, oltre alla desiderabilità di diversi livelli *certi* di reddito, anche la propensione al rischio dell'operatore considerato. L'andamento di tale
funzione dipende dalla posizione iniziale: Ciò può essere interpretato dicendo che la propensione al rischio varia al variare
delle condizioni economiche dell'operatore.

S.Lombardini

Nell'analisi delle decisioni del consumatore, quando si suppone che l'insieme delle alternative possibili si allarghi sino a comprendere combinazioni aletaorie dei vari beni, il campo ordinato di preferenze può essere rappresentato mediante una funzione indice di utilità che si può ritenere rifletta non solo la desiderabilità (ofelimità o grado di appagamento) di diverse combinazioni *certe* di beni o, per quanto si è detto i gusti del consumatore, ma anche la propensione al rischio del soggetto. Non meraviglia quindi che mentre la funzione indice di utilità applicata a prospetti certi sia definita a meno di una trasformazione arbitraria crescente, la funzione indice di utilità nella sua più ampia applicazione a prospetti incerti sia definita a meno di una arbitraria trasformazione lineare crescente: la limitazione nell'insieme delle funzioni indici ammissibili è da porsi in relazione alle aumentate dimensioni dello spazio delle combinazioni possibili e alla pluralità dei motivi che guidano la scelta. Anche nella teoria del consumatore ci sembra preferibile indicare col termine di funzione di preferibilità la funzione di più generale applicazione che stiamo discutendo. Ciò che hanno in comune la funzione tradizionale dell'utilità e la funzione di preferibilità sono gli insiemi dei prospetti certi tra loro indifferenti ed il loro ordine. E' per l'ulteriore proprietà della funzione di preferibilità (per la sua capacità cioè di ordinare i prospetti incerti) che essa consente di attribuire una *misura* del grado di preferibilità. Pertanto non è possibile assumere la differenza tra le utilità che in base alla funzione di preferibilità corrispondono a due diverse combinazioni *certe* che differiscono solo nella quantità di un bene come una misura della *soddisfazione* dovuta all'incremento del bene in parola.

S.Lombardini

Tra i postulati che conducono alla formulazione della fun-
ne di preferibilità (definita a meno di un'arbitraria trasformazione *lineare* crescente) e che oltre ad alcune proprietà ideali
(di continuità) affermano la coerenza del soggetto nelle sue decisioni ve ne è uno che ricorda il postulato di non sazietà nella teoria tradizionale dell'utilità. E' noto che, secondo questo
postulato, se in una combinazione di bene aumentiamo la quantità
di uno di essi senza diminuire la quantità degli altri, otteniamo la seconda combinazione preferita alla prima. Analogamente se
abbiamo una combinazione costituita da una certa quantità del bene A ottenibile con probabilità a ed una certa quantità del bene
B con probabilità β, e se la stessa quantità del bene A *ottenibile con certezza* è preferibile alla predetta quantità del bene B
pure certa, otteniamo combinazioni preferite a quella data aumen-
tando la probabilità di ottenere il bene A e diminuendo quella di
avere il bene B. Questo postulato ha una importanza notevole nello sviluppo della teoria. Il Savage assume come relazione prima-
ria quella che si stabilisce tra due decisioni e che riflette la
loro preferibilità ed inferisce con un postulato simmetrico a quello appena ricordato un sistema di probabilità soggettive quale e-
ra stato già postulato dal de Finetti.

E' opportuno ricordare che la funzione di preferibilità può
non essere monotonica e godere delle ricordate proprietà formali
in tutto il suo campo di definizione. Ciò si verifica quando il
postulato più sopra ricordato non vale nell'intorno di combinazioni di quantità certe: si può ritenere che ciò rifletta *l'amore al pericolo.* Ad esempio un alpinista può preferire una situazione in cui vi sia la probabilità di sopravvivere del 95% ad una
in cui vi sia solo la probabilità dell'80%, ma anche ad una terza

S.Lombardini

in cui vi sia l'assoluta certezza [12]. Se prescindiamo da questa anomalia che non consente l'applicabilità della funzione di pre- feribilità al confronto tra situazioni incerte e situazioni certe possiamo considerare tale funzione come uno strumento concettuale di generale validità nello studio del comportamento economico.

3.- L'ASTRAZIONE SCIENTIFICA E L'ANALISI DEL COMPORTAMENTO ECONO-MICO.

Le funzioni di preferibilità dipendono non solo dalle condi- zioni iniziali ma anche dal periodo in relazione al quale si con- siderano le decisioni che con le stesse si intendono interpretare. Queste considerazioni valgono anche per la funzione di utilità; (nella accezione tradizionale) si può infatti dire che i gusti che un consumatore manifesta in un determinato momento possano diver- gere dai suoi gusti normali quali appaiono in un periodo abbastan- za lungo di tempo.

L'ipotesi che l'operatore abbia un campo ordinato di prefe- renze, sulla base del quale è possibile interpretare le sue deci- sioni, implica una interpretazione ideale del suo comportamento che, se si prescinde dai casi patologici di evidente incoerenza [13], può apparire in contrasto con i dati empirici.

a) per l'instabilità della funzione di preferibilità dovuta alla forte dipendenza dalle condizioni economiche iniziali e al- la irreversibilità di certi spostamenti;

b) per l'incapacità di esprimere chiare valutazioni su si- tuazioni troppo divergenti e mai sperimentate dal soggetto eco- nomico;

c) per le difficoltà di determinare differenze di valutazio- ne per prospetti che differiscono di poco tra di loro.

S.Lombardini

E' possibile modificare il modello di analisi in modo da tener conto di alcuni di questi fattori che concorrono a determinare il comportamento effettivo [14]. Occorre peraltro tener presente che le teorie sul comportamento economico, fondate sull'ipotesi che il soggetto abbia un campo ordinato di preferenze, oltre ad applicazioni a ascopo descrittivo hanno applicazioni a scopo normativo. Mentre in relazione alle prime le ipotesi ricordate nel paragrafo precedente si giustificano sulla base dei procedimenti di astrazione che caratterizzano l'indagine scientifica [15], in relazione alle seconde esse consentono di formulare nei suoi termini più generali (logicamente più deboli) l'ipotesi di razionalità.

4.- CARATTERISTICHE PECULIARI DEL PROCESSO ECONOMICO IN CONDIZIONI DI INCERTEZZA.

Nelle ricordate teorie i problemi specifici connessi con l'incertezza sembrano ridursi a quelli della valutazione dei risultati incerti e dell'influenza che l'incertezza dei risultati ha sulla preferibilità dei medesimi. Si tratta invero non di problemi nuovi ma di una più generale formulazione di problemi tradizionali concernenti il comportamento dei soggetti economici. Lo scopo di questa relazione è di dimostrare che la considerazione dell'incertezza introduce problemi veramente nuovi: più precisamente nuove variabili entrano a definire la decisione dei soggetti economici. Le teorie de Finetti-Savage possono offrire, a nostro avviso, uno schema concettuale nell'ambito del quale i problemi possono essere formulati e risolti in modo rigoroso. Tuttavia una impostazione adeguata esige un'attenta considerazione delle caratteristiche peculiari che l'attività economica presenta *in quanto si svolge in*

S.Lombardini

condizioni d'incertezza. Se si considerano tali caratteristiche
il problema di scelta può apparire così complesso per l'insieme
di variabili e per le relazioni che tra di esse si stabiliscono
da suggerire il ricorso a modelli più semplici allo scopo di spiegare il comportamento effettivo. E' opportuno a questo proposito
ricordare che le teorie più sopra ricordate

a) suppongono che tutte le possibili conseguenze di ogni de-
cesione siano visualizzate dal soggetto,

b) sono state concepite per lo studio dei problemi di scelta
quali si presentano nella statica.

L'abbandono dell'ipotesi di cui punto a), se accompagnata
dall'introduzione di altre ipotesi circa il modificarsi delle valutazioni del soggetto in seguito all'esperienza, può portare ad
una analisi dinamica del processo di scelta e alla considerazione
del campo ordinato di preferenze come di una situazione limite.
Di ciò diremo più avanti. Il carattere statico della teoria si manifesta essenzialmente nella considerazione dei vari stati possibili come alternative simultanee. Il suo superamento introduce serie complicazioni per l'impostazione del problema di scelta. E'
pur vero che è possibile considerare come stati alternativi successioni temporali di situazioni; una simile formulazione delle
prospettive incerte associate al processo dinamico per un dato
soggetto economico, a parte la difficoltà di applicazione che esso comporta, trascura però alcune caratteristiche particolari
del processo stesso.

a) Una prima caratteristica è il variare delle strategie accessibili all'individuo che si può verificare in alcune fasi del
processo di sviluppo o in seguito ad alcuni risultati del processo dinamico. Basti pensare alle conseguenze che i mutamenti del-

S.Lombardini

là struttura del mercato possono avere sulle strategie alternative accessibili ad una data impresa, la quale, con le sue decisioni, può contribuire a provocare tali mutamenti.

b) Una seconda caratteristica riguarda l'asimmetria delle conseguenze di eventi eccezionalmente favorevoli e sfavorevoli. Si tratta del principio del concatenamento dei rischi esposto dall'Hart (principle of linkage of risks)[16]. A differenza degli eventi eccezionalmente favorevoli, eventi eccezionalmente sfavorevoli possono provocare una catena di conseguenze negative. Ad esempio un'improvvisa contrazione nei ricavi causata, poniamo, dal fallimento di un cliente può costringere un'impresa a ridurre drasticamente i prezzi per liquidare le scorte e rimediare in tal modo all'improvvisa riduzione delle entrate normali. La riduzione dei prezzi può guastare il mercato. Il ricorso alle Banche o la richiesta di dilazione di pagamento ai fornitori in situazioni di improvviso bisogno, non solo possono non portare ad alcun risultato positivo ma addirittura avere conseguenze negative in quanto si può ingenerare il dubbio che l'impresa sia in condizioni prefallimentari.

c) Una terza caratteristica concerne i mutamenti qualitativi e quantitativi nelle informazioni che con lo svilupparsi del processo economico l'individuo può ottenere.

d) Inoltre l'atteggiamento di fronte al rischio di un soggetto dipende dalle decisioni rischiose prese nel passato e dai risultati che esse hanno avuto.

5.- LE DECISIONI ECONOMICHE IN CONDIZIONI DI INCERTEZZA E DI CERTEZZA.

Alcuni chiarimenti terminologici sono utili per meglio approfondire le implicazioni delle caratteristiche peculiari del pro-

S.Lombardini

oesso economico appena ricordate.

In assenza di incertezza le decisioni di un soggetto economico sono immediate o differite, condizionate o incondizionate: la
distinzione tra decisioni che sono modificabili e decisioni che non
lo sono non ha alcuna importanza. Se gli eventi futuri si verificano esattamente come sono stati previsti (se ciò non fosse cadreb-
be l'ipotesi che nell'attività economica è assente ogni incertezza)
e se, come si suppone nell'analisi economica fondata sull'ipotesi
di equilibrio, le decisioni dei soggetti economici sono di tipo ottimale e tra loro compatibili, non vi è motivo perchè un individuo
abbia a modificare le sue decisioni, Ad esempio non vi è ragione
per ritenere, nelle ipotesi fatte, che un consumatore il quale abbia acquistato una casa, abbia cioè deciso di mantenere una parte del suo patrimonio durevolmente investita in tale di bene di
consumo durevole, debba poi pentirsi di tale decisione e quindi
vendere la casa per impiegare diversamente il suo patrimonio. -

Non appena un problema si profila, in condizioni di certezza, esso viene affrontato e risolto: le decisioni che il soggetto prende possono essere immediatamente attuate (decisioni immediate) o attuate in data successiva (differite)? Esse possono poi
essere univocamente determinate (incondizionate) o definite in
funzione dei valori che possono assumere determinati parametri
(condizionate). In un modo incerto come vedremo invece, assume
importanza la possibilità di modifica delle decisioni: inoltre al
soggetto può essere conveniente rinviare alcune decisioni.

S.Lombardini

6.- FONTI DI INCERTEZZA IN UNA ECONOMIA STAZIONARIA.

Se si considera una economia in cui non si verificano fenomeni che comportano necessariamente mutamenti di struttura (innovazioni tecniche, accumulazione di capitali, mutamenti di gusti, variazioni nelle risorse primarie, espansione e cambiamento di strutture della popolazione etc.) due sole sono le possibili fonti di incertezza:

a) le variazioni nelle situazioni di mercato che si succedono quando non si realizza l'equilibrio;

b) il comportamento delle imprese rivali dal quale, in certe condizioni di mercato, dipende il risultato delle decisioni di una impresa.

In regime di concorrenza quindi è presente solo la fonte a).

Lo studio della stabilità dell'equilibrio, è stato condotto senza una adeguata considerazione delle conseguenze che l'abbandono dell'ipotesi di equilibrio e quindi di movimento economico conosciuto con certezza ha sull'analisi del comportamento economico. Infatti anche nei contributi più recenti (17) il comportamento dei soggetti economici è definito da relazioni analoghe a quelle che entrano nei modelli di equilibrio. Solo alle equazioni di equilibrio vengono sostituite delle equazioni di reazione fondate sull'ipotesi che le varie classi di operatori economici reagiscono al mancato equilibrio modificando concordemente alcuni parametri dai quali poi dipendono le loro decisioni.[18].

Nuove prospettive allo sviluppo dell'analisi dell'oligopolio sono state invece aperte dalla teoria dei giochi in quanto essa consente l'abbandono dell'ipotesi di comportamento indipendente che è alla base delle trattazioni classiche del problema. Ancor più significative sono state le applicazioni alla teoria del mo-

S.Lombardini

nopolio bilaterale [19]. Tuttavia anche i recenti contributi che
hanno esplicitamente considerato l'incertezza nella quale l'oli-
gopolista deve prendere le sue decisioni, dovuta alla pluralità
dei possibili risultati che ogni decisione può avere, sono lungi
dall'essere soddisfacenti. In primo luogo la teoria dei giochi
permette di configurare una situazione di equilibrio solo in casi speciali, in secondo luogo nelle applicazioni correnti essa
suppone che il problema presenti la stessa struttura per ciascun
operatore, che cioè gli operatori possano essere considerati o-
mogenei per quanto concerne le condizioni nelle quali operano e
il tipo di decisione che essi debbono prendere. In terzo luogo essa implica una particolare attitudine al rischio per cui ogni o-
peratore considera il valore atteso di una distribuzione di possibili risultati di ciascuna decisione in corrispondenza ad ogni
possibile decisione dell'avversario come equivalente alla prospet-
tiva incerta rappresentata dall'intera distribuzione.

Invero le situazioni oligopolistiche sono caratterizzate da
relazioni di tipo diverso tra le varie imprese: infatti le imprese tra loro rivali non costituiscono una classe di operatori omo-
genei, per la loro diversa dimensione dalla quale può dipendere
l'insieme delle strategie disponibili e per la loro diversa col-
locazione nel mercato: infatti le imprese rivali di un impresa A
possono non essere tali per un'impresa B in competizione oligopo-
listica con A. Inoltre a determinare i risultati delle decisioni
delle varie imprese può contribuire la possibilità o meno che altre imprese entrino nel mercato [20]. E' interessante osservare
come questi fattori dai quali dipendono le strategie accessibili
e i possibili risultati che le varie decisioni delle diverse imprese possono avere non possono essere considerati come dei dati,

S.Lombardini

in quanto possono modificarsi in seguito alle decisioni delle stesse imprese.

Sulla difficoltà che comporta la sostituzione del valore medio alla distribuzione di una variabile causale avremo occasione di intrattenerci fra poco.

7.- FONTI DI INCERTEZZA IN UNA ECONOMIA DINAMICA.

In una economia in trasformazione, oltre alle cause d'incertezza presenti anche in una economia suscettibile di riprodurre immutata la situazione di equilibrio, una volta raggiunta, in ogni periodo (economia stazionaria) se ne aggiungono altre:

a) l'impossibilità di determinare in modo univoco i risultati di certi procedimenti tecnici o di certe strutture organizzative che non siano state attuate per un certo tempo;

b) l'impossibilità di assegnare valori univoci ai parametri, dai quali dipendono le decisioni dei diversi soggetti economici (prezzi ad esempio), in quanto dipendenti dai risultati incerti dell'attività dei diversi gruppi di operatori;

c) la possibilità che si verifichino nuovi eventi che modificano la stessa struttura dei problemi che i vari soggetti debbano risolvere.

Basta considerare quest'ultima fonte d'incertezza per cogliere subito alcune notevoli difficoltà che incontra l'analisi del comportamento economico in condizioni di incertezza quando si considera un'economia dinamica (in trasformazione). Anche se si ignora la terza fonte di incertezza difficoltà non lievi si prospettano alla applicazione dei procedimenti e dei metodi recentemente elaborati. Accenniamo ad alcune tra le principali.

Nello sviluppo economico il risultato di una decisione non

S.Lombardini

può essere considerato un evento isolato: esso infatti, mentre rappresenta il risultato di un'attività economica passata e ne misura quindi la profittabilità e l'utilità, costituisce nel contempo la condizione iniziale per lo svolgimento dell'attività futura. Cerchiamo di chiarire la portata di tale osservazione con un esempio. Supponiamo che un'impresa debba scegliere un impianto tra diverse alternative e che per il finanziamento del medesimo essa abbia contratto un impegno finanziario di una data dimensione. La scelta è naturalmente effettuata sulla base delle previsioni circa il livello futuro della domanda e della valutazione delle possibili decisioni che potranno prendere le imprese rivali. Il livello della domanda futura in corrispondenza ad uno dei possibili prezzi può assumere diversi valori, è cioè un variabile casuale. Supponiamo che il valore di tale variabile, sulla base del quale il nostro imprenditore valuta le diverse alternative, sia la media della distribuzione dei valori possibili e supponiamo, ad abundantiam, che la distribuzione di tali valori, la quale naturalmente esprime delle probabilità soggettive, corrisponda alle frequenze che gli stessi assumeranno nei vari periodi futuri entro l'orizzonte considerato; e che pertanto risultano esattamente anticipate. E' però evidente che, se noi consideriamo il risultato della decisione relativa all'impianto con riferimento ad un singolo periodo, il valore della domanda effettiva potrà in esso risultare inferiore al valore medio previsto. In questo periodo le entrate monetarie potranno allora risultare inferiori alle spese. Se le possibilità di ricorso al credito bancario sono limitate, questa circostanza può avere conseguenze catastrofiche per l'impresa che può essere costretta ad interrompere la sua attività anche se a lungo andare essa sarebbe risultata profittevole. Si potrebbe sug-

S.Lombardini

gerire all'imprenditore di estendere la sua analisi alla considerazione dei diversi livelli che la domanda può assumere in ciascun periodo, ma questo suggerimento non potrebbe essere facilmente seguito e comunque non eliminerebbe alcune difficoltà che impongono una diversa impostazione del problema. Infatti una stima dei livelli della domanda per ciascun periodo incontra ben più gravi difficoltà ed in molti casi non è praticamente possibile se non in termini eccessivamente vaghi (più precisamente con una eccessiva variabilità dei valori possibili). A prescindere dalle difficoltà pratiche, una stima sufficientemente significativa della domanda in ciascun periodo implica l'assunzione di una distribuzione soggettiva dei possibili valori che la domanda medesima può assumere nel periodo considerato: a proposito di tale distribuzione si possono ripetere le considerazioni svolte circa la distribuzione della domanda nel tempo. Infatti mentre scarti positivi tra la domanda effettiva di un periodo e la domanda prevista si risolvono in maggiori profitti rispetto a quelli attesi, scarti negativi (come si è detto) possono risolversi nell'arresto dell'attività produttiva.

8.- CARATTERISTICHE PECULIARI DEI PROBLEMI ECONOMICI IN CONDIZIONI DI INCERTEZZA.

Le considerazioni svolte nei paragrafi precedenti sulle possibili fonti di incertezza ci consentono subito di individuare due motivi per cui non è possibile ritenere di poter interpretare il comportamento del soggetto economico, in condizioni di incertezza, applicando i modelli elaborati nella statica dopo aver semplicemente definito l'insieme di alternative costituite da prospettive certe e prospettive incerte ed aver introdotto una funzione di

preferibilità. I principali tra questi motivi ci sembrano siano
i seguenti :

a) Innanzitutto è impossibile ridurre l'incertezza a mere
pluralità di valori possibili delle variabili tra le quali poter
stabilire poi relazioni analoghe a quelle considerate nella statica economica, Eventi eccezionali, suscettibili di alterare la stessa struttura del problema non sono normalmente visualizzati: essi
cioè influiscono sulla decisione del soggetto non tanto contribuen-
do a determinare la forma delle distribuzioni probabilistiche di
variabili economiche che entrerebbero nel modello anche a prescindere da tali eventi, quanto introducendo nuove variabili e nuove
dimensioni come avremo modo di spiegare fra poco. Anche alcuni e-
venti al cui verificarsi date variabili possono assumere valori
eccezionalmente alti o bassi non sono singolarmente visualizzati
[21]: ciò significa che ogni problema è affrontato e risolto sullo sfondo di una vaga impressione che qualche cosa di eccezionale
possa sempre capitare.

b) I limiti alla variabilità dei risultati che il soggetto
economico può accettare. Infatti per il principio del concatenamento dei rischi il soggetto deve evitare che si verifichino certi risultati sfavorevoli suscettibili di provocare una catena di
conseguenze dannose che può arrivare al dissesto completo.

Tali limiti non sono un dato in quanto dipendono oltre che
dalla situazione economica del soggetto (in particolare dalla s
struttura del suo capitale o patrimonio) dalle decisioni relative
ad altri problemi (in particolare da quelle relative alla struttura del patrimonio e alla domanda di moneta).

Possiamo dire che l'applicazione del criterio massimale (o
ottimale) all'analisi del comportamento in un modo incerto avviene

S.Lombardini

in un particolare contesto in quanto assumono rilevanza il grado di modificabilità delle decisioni e la possibilità di rinviarle. Evidentemente se posso scegliere tra due impianti A e B che mi assicurano lo stesso saggio di rendimento per l'uguale capitale investito, il secondo essendo però suscettibile di essere utilizzato per altre produzioni oltre a quella da me programmata, nell'incertezza delle condizioni future, l'impianto B appare preferibile.

Aspetti e dimensioni particolari assumono i problemi di scelta in condizioni di incertezza per la possibilità di sostituire ad una decisione modificabile una decisione rinviata e viceversa. Supponiamo ad esempio che un individuo dopo aver soddisfatto i suoi bisogni attuali disponga di una somma di un milione che egli potrebbe investire. L'individuo teme però che in un futuro non lontano (ad esempio fra un anno) egli possa trovarsi nella necessità di sostenere spese eccezionali. Se egli investe il milione disponibile in titoli (o in altri beni) egli corre il rischio di un perdita qualora egli debba modificare la sua decisione relativa alla forma di utilizzo di questa sua disponibilità e il prezzo al quale può realizzare il titolo risulti inferiore al prezzo di acquisto di un'entità superiore all'interesse nel frattempo percepito. Tale rischio dipende:

1) dal basso grado di commerciabilità del titolo (per grado di commerciabilità si intende il rapporto tra il prezzo di realizzo e il prezzo di acquisto del bene nelle stesse condizioni economoche (per alcuni beni trattati in mercati perfetti il grado di commerciabilità è uguale all'unità)[22];

2) dall'andamento dell'attività economica nel tempo e dalle variazioni nei prezzi che esso comporta (congiuntura): naturalmente l'andamento dell'economia può anche provocare guadagni capitali.

S.Lombardini

Per evitare il rischio di una perdita monetaria il consuma-
re può rinviare la decisione circa l'utilizzo definitivo del milione disponibile: in tal caso questa aliquota del suo patrimonio rimane per un certo periodo infruttifera. La convenienza a rinviare
una decisione, anziché prenderne una modificabile, spiega fenomeni peculiari del processo dinamico come ad esempio la domanda di
moneta a scopo di liquidità e la formazione di scorte a scopo spe-
culativo.

A volte il rinvio di una decisione non si pone come alternativa all'assunzione di una decisione modificabile ma si giustifica per le maggiori informazioni che si possono avere nel futuro.
Consideriamo ad esempio un'impresa monopolistica che debba scegliere tra due alternative: la costituzione di un nuovo impianto o
l'impiego dei mezzi finanziari di cui dispone nel potenziamento
della sua rete di distribuzione allo scopo di rafforzare la sua
posizione di mercato. La prima alternativa risulta più conveniente se nel prossimo futuro si avrà un periodo di espansione. Se ritiene che fra qualche mese le gravi incertezze circa gli andamenti
economici futuri saranno in parte eliminate per cui alla sua previsione potrà assegnare una probabilità maggiore, l'impresa potrà
trovare conveniente rinviare la scelta tra le due alternative. E'
interessante osservare come anche in questo esempio il rinvio di
una decisione implica domanda di moneta. La domanda di moneta quindi, se si prescinde dalla moneta usata a scopo di transazione, appare un fenomeno tipico di una economia che funziona in condizioni di incertezza.

S.Lombardini

9.- ALCUNE INDICAZIONI PER UNA RICONSIDERAZIONE DEI MODELLI DI COM-
PORTAMENTO.

Come impostare il problema di scelta in condizioni di incertezza? Due vie possono essere seguite.

a) Possiamo mantenere lo schema concettuale che ci offrono
le teorie de Finetti-Savage, tener conto di tutte le relazioni che
si stabiliscono tra decisioni e risultati in diversi periodi, fare tendere l'utilità di un risultato a -∞ quando esso tende ad ol-
trepassare il limite di cui al punto b) del precedente paragrafo.
Della modificabilità di una decisione si può allora tenere conto
in quanto, come si è detto, per ogni alternativa si considerano
non solo le conseguenze immediate ma anche le possibili conseguenze future. Evidentemente una siffatta impostazione del problema
la quale esige la considerazione di tutte le possibili conseguenze, anche di quelle vagamente attese o temute, trascura i motivi
per cui un soggetto economico in concreto non può affrontare oltre certi limiti le difficoltà che comporta l'impostazione dei
problemi di scelta. Inoltre essa non considera il processo psico-
logico con cui il soggetto perviene alle sue decisioni, *sulla base delle esperienze passate.* Pertanto modelli di comportamento così costruiti mentre sviluppano a pieno il significato normativo
della teoria hanno in effetti scarso valore interpretativo. Può
quindi essere consigliabile seguire una seconda via.

b) Si può allora supporre che la scelta della decisione ottima - che cioè massimizza il profitto o l'utilità o più genericamente il grado di preferibilità - avviene non già nell'ambito
dell'insieme di tutte le decisioni alternative singolarmente considerate, ma di un sottoinsieme che si ottiene escludendo quelle
decisioni che, nelle combinazioni possibili con altre decisioni,

S.Lombardini

sono suscettibili di portare, con una probabilità oggettiva considerata rilevante, a conseguenze inaccetabili. L'insieme delle decisioni singolarmente visualizzate può essere considerato, a sua volta, un sottoinsieme delle decisioni teoricamente possibili, il suo insieme complementare essendo costituito da decisioni che potrebbero essere convenienti solo sotto ipotesi del tutto eccezionali che l'individuo non ritiene di poter prendere in considerazione o di cui esso non ha neppure precisa sensazione. La possibilità che si verifichino eventi che non sono stati singolarmente anticipati come possibili impone una attenuazione del criterio di massimizzazione del profitto, in quanto la scelta avviene sulla base della combinazione di due criteri: il criterio della massimizzazione del profitto e quello della massima flessibilità del programma (il grado di flessibilità del programma essendo funzione dei gradi di modificabilità delle singole decisioni). Il peso relativo del secondo criterio, normalmente opposto al primo, riflette il grado di incertezza degli eventi futuri: potremmo anche dire che esso è proporzionale alla probabilità soggettiva che si verifichino eventi, singolarmente non considerati, tale da rendere conveniente una trasformazione del programma.

Non è nostra intenzione sviluppare queste considerazioni ancora troppo grossolane perché possano costituire la base per la costruzione di modelli di comportamento; nè discutere i procedimenti logici e psicologici con cui i problemi di scelta sono affrontati e risolti. Penso che la determinazione della decisione ottima sia in concreto il risultato di un processo che porta contemporaneamente ad un ordinamento delle decisioni e alla scelta di quella ottima. In un primo tempo l'individuo si accontenta di adottare una decisione soddisfacente. A mano a mano che egli acqui-

S.Lombardini

sta esperienza e quindi aumenta la sua capacità di visualizzare le possibili conseguenze e di valutarle, si eleva il suo livello di aspirazione: il risultato finale quale può raggiungersi dopo ripetute esperienze nell'ipotesi che esse siano effettuate nelle stesse condizioni obbiettive può essere la determinazione della decisione ottima. Un'impostazione simile è stata suggerita dal Simon [23]. Nell'analisi del processo di scelta si dovrebbe tener conto anche della possibilità di aumentare le informazioni disponibili e, in tal modo, di allargare l'insieme delle decisioni possibili tra le quali si effettua la scelta o di diminuire la variabilità dei risultati di una possibile decisione e quindi di ridurre il peso che ha il criterio di flessibilità del programma. L'aumento delle informazioni però comporta un costo il quale, quindi, dovrebbe entrare nella configurazione del problema.

10.- INCERTEZZA ED EFFICIENZA ECONOMICA.

Come abbiamo già osservato nell'analisi economica molti problemi possono essere affrontati da due punti di vista diversi e complementari: da un punto di vista normativo e da un punto di vista empirico- descrittivo. Studiare i problemi del primo punto di vista implica stabilire delle finalità che una "razionale" organizzazione dell'attività economica dovrebbe raggiungere, finalità che entrano nei dati assunti dall'economista: analizzare i problemi del secondo punto di vista significa assumere la finalità concretamente perseguita (naturalmente formulate attraverso un processo di astrazione) e i limiti effettivi alla razionale impostazione e soluzione dei problemi. Quali di questi limiti siano eliminabili e quali no non è sempre facile determinare. Pertanto non sono poche le difficoltà che si incontrano quando si vuole determinare in

S.Lombardini

ohe misura sono giustifioate ipotesi ohe implioano una oapaoità razionale impostazione maggiore di quella effettivamente osservata (intendiamo qui parlare di oapaoità degli operatori di individuare tutti i dati del problema, tutte le relazioni ohe si stabilisoono tra questi dati e le diverse variabili e tutte le implioazioni dei diversi oriteri di soelta).

Queste oonsiderazioni hanno grande importanza nell'analisi del oomportamento in oondizioni di inoertezza. Esse possono avere riflessi non trasourabili sul piano dell'eoonomia del benessere.

Da quanto è stato detto ad esempio emerge ohe la soelta degli investimenti più effioienti [24] è largamente oondizionata dall'inoertezza in quanto questa può ridurre il peso del oriterio di massimizzazione e del rendimento nel prooesso di soelta e restringere l'insieme delle alternative oonsiderate. L'inoertezza influisoe anohe sulla deoisione dei risparmiatori di finanziare i programmi di investimento delle imprese per motivi analoghi. Pertanto alouni investimenti possono non trovare attuazione, malgrado la loro elevata redditività, in quanto i loro risultati sono oonsiderati troppo inoerti dai possibili finanziatori. La stessa impresa può esoludere dalle sue soelte programmi di investimento ohe implioano rigidità teoniohe e finanziarie, malgrado la loro elevata redditività per l'inoertezza degli andamenti futuri della domanda. L'inoertezza può anohe influire sul volume degli investimenti in quanto può rendere oonveniente rinvii nell'attuazione di nuovi programmi di espansione [25]. Questi rilievi non sono senza influenza sugli effetti ohe può avere la programmazione eoonomioa; nella misura in oui essa, senza ridurre la propensione al risohio, diminuisoe aloune oause obbiettive di inoertezza, essa può portare ad un aumento nell'effioienza degli investimenti e quindi nel saggio di oresoita del sistema.

S.Lombardini

[1]   Si vedano in particolare: A.Marshall, Principi di economia,
      trad.it.Torino, 1927, pag.578 e Wicksell, Lezioni di econo-
      mia politica, trad.it.Torino, 1950, pag.180.

[2]   A.Smith, Ricchezza delle nazioni, trad.it.Torino, pag.103.

[3]   F.Knight, Risk, uncertainty and profit, Boston e New York
      1921

[4]   J.Schumpeter, La teoria dello sviluppo economico, in "Nuova
      Collana degli Economisti",,Vol.V, Torino, 1932

[5]   Si vedano in particolare: Hicks, Value and capital, Oxford,
      1939, pag.126; O.Lange, Price flexibility and employement,
      Bloomington, 1944 pag.29 e seg.. Si veda anche P.B.Simpson,
      Risk allowances for price expectations, in "Econometrica",
      1950.

[6]   Wald, Statistical decision functions, New York, 1950 e
      L.J.Savage, The theory of statistical decision, in "Journal
      of the American Statistical Association" 1951.

[7]   Bruno de Finetti, La prévision: ses lois logiques, ses sour-
      ces subjectives, in "Annales de l'Istitut Henri Poincaré",
      1937; L.J.Savage, The fondations of statistics, New York-Lon-
      dra, 1950. Si noti che questa teoria di Savage è ben distin-
      ta da quella precedente citata nella nota [6].

[8]   Hurwicz, Optimality criteria for decision making under igno-
      rance, Cowles Commission Discussion Papers, Statistics, n.370,
      1951 (ciclostilate). Si veda per un breve riassunto della
      teoria Hurwicz e degli altri autori citati: R.D.Luce e H.Raif-
      fa, Games and decisions, New York, 1957, Cap.13.

[9]   Si vedano i saggi di J.Marschak, Rational Behavior, uncertain
      prospects and measurable utility, in "Econometrica", Aprile
      1950; W.J.Baumol, The Neumann-Morgenstern utility index an
      ordinalistic view, in "Journal of Political Economy", 1951;
      Bruno de Finetti, Sulla preferibilità, in "Studi in onore di
      Giorgio Mortare", Padova, 1954.

[10] J.Marschak, Money and the theory of assets, in "Econometrica"
      Ott.1938; L.Klein, Economic fluctuations in the United Sta-
      tes 1921-1941, New York, 1951.

[11] Si veda Bruno de Finetti, Sulla preferibilità, in "Studi in
      onore di Giorgio Mortare", Padova, 1954, pag.156 e segg.

[12] Si veda J.Marschak, Rational behavior..., op.ct., pag.138

[13] Una evidente incoerenza si avrebbe, ad esempio, se un consu-
      matore dopo aver manifestato la sua preferenza per la combi-
      nazione A rispetto alla combinazione B e per la combinazione
      B rispetto alla combinazione C mostrasse di preferire C ad A.

S.Lombardini

[14] Queste considerazioni sono state da me sviluppate in : L'analisi della domanda nella teoria economica, Milano, 1956

[15] Si veda : T.C.Koopmans, The construction of economic knowledge, in "Three essays on the state of economic science", Londra 1957, pagg.132 e segg.

[16] A.G.Hart, Money, debt and economic activity, New York, 1953 par.202

[17] Si veda ad esempio l'importante contributo di K.J.Arrow e L.Hurwicz : On the stability of the competitive equilibrium in "Econometrica", Ott.1958.

[18] Si veda: Samuelson, Foundations of economic analysis, Cambridge, 1948, pagg.21 e segg.

[19] J.F.Nash, jr. The bargaining problem, in "Econometrica" 1950 e I.C.Harsanyi, Approaches to the bargaining problem before and after the theory of games: a critical discussion of Zeuthen's, Hicks e and Nash's theories in "Econometrica", 1956.

[20] Si veda: Paolo Sylos Labini, Oligopolio e progresso tecnico, Milano, 1957.

[21] Possiamo anche dire che l'individuo non è in grado di rappresentarsi le code delle distribuzioni probabilistiche (di tipo soggettivo) delle diverse variabili considerate.

[22] La nozione di grado di commerciabilità di un bene è sostanzialmente simile alla nozione di grado di liquidità del Marschak (Role of liquidity under complete and incomplete information, in "American Economic Review", Suppl.1949).

[23] H.A.Simon, A behavioral model of rational choice, in "The Quarterly Journal of Economics", 1955.

[24] Più efficiente e qui da intendersi non senso del Malinvaud: Capital accumulation and efficient allocation of resources, in "Econometrica" 1953.

[25] Queste considerazioni sono state da me sviluppate nel corso di economia tenuto quest'anno: Appunti dalle lezioni di economia, Vol.3°, Milano, 1959, Cap.VII.

CENTRO INTERNAZIONALE MATEMATICO ESTIVO

(C.I.M.E.)

241

ANTONIO LONGO

LA R.O. (RICERCA OPERATIVA)

ROMA - Istituto Matematico dell'Università - 1959

LA R.O. (RICERCA OPERATIVA)

di

ANTONIO LONGO

Lo scopo di questo Seminario è quello di porre in luce i legami esistenti tra il tema del nostro corso "Statistica ed induzione" ed i problemi della R.O.

E' doveroso avvertire, chi non fosse sufficientemente informato di tali questioni, che le notizie contenute nel seguito mirano esclusivamente a fornire una visione estremamente rapida di un settore di interessi che si va dischiudendo nell'ambito della ricerca matematica.

Non risale certo ad epoca recente l'idea di avvalersi della matematica nell'Economia; questo metodo ha già dimostrato la sua vitalità ed è forse lecito attendersi che nel futuro possa almeno contribuire ad approfondire e chiarire i grandi problemi di questa disciplina così rilevanti per il corpo sociale dell'umanità [1].

La ricerca operativa si inserisce in questo quadro in modo abbastanza ben delineato. Non intendiamo di proposito fornire delle definizioni esplicite che ambiscano stabilire, "more geometrico" la sfera di azione di questi studi: tale modo di vedere conduce infatti normalmente a questioni sterili di vuoto nominalismo.

Con questa premessa diremo che il contenuto della ricerca operativa si esplica soprattutto nell'ambito dell'"azienda" intesa nella sua accezione più ampia, che comprende anche le ammini-

____

[1]
    Chi volesse rendersi conto del cammino percorso e del coerente sviluppo di idee che l'Economia matematica rivela, potrebbe, partendo dal Manuel di Pareto, esaminare successivamente i recenti lavori di Arrow-Debreu, che a nostro parere sintetizzano gran parte dei progressi metodologici compiuti.
    K.Arrow and G.Debreu: Existence of an Equilibrium for a Competitive Economy - Econometrica 265-290 (July 1954)

A.Longo

strazioni pubbliche ed in special modo gli organismi militari[2].

Si tratta quindi di questioni di micro-economia con carattere spiccatamente normativo [3]. La R.O. non si preoccupa infatti di descrivere il comportamento del soggetto economico in determinate situazioni, ma stabilisce quale politica egli deve adottare per conseguire obbiettivi particolari, tenuto conto dello stato di informazione e degli elementi di giudizio di cui dispone.

Sotto questo angolo di visuale molto generale, i problemi di R.O. sono problemi di "decisione". Conviene allora operare una fondamentale distinzione a seconda della natura certa o aleatoria dell'informazione. Le decisioni individuali [4] in condizioni di certezza, non hanno a rigore attinenza con gli argomenti del nostro corso: ad esse dedicheremo quindi uno sguardo fugace.

Le situazioni a cui si riferiscono possono essere così schematizzate: un individuo dispone di un certo insieme di "azioni",

---

(3)
Rispetto all'impostazione tradizionale si osserva però un notevole allargamento nei metodi di analisi, con una netta tendenza a fondere sempre più intimamente l'elemento tecnico con quello economico. Anche la contabilità, considerata come uno dei mezzi di indagine più usuale nell'ambito aziendale, da un lato acquista sempre più un carattere ex-ante, come fornitrice dei dati che condizionano le decisioni ulteriori, dall'altro va accentuando la natura di strumento previsionale per estrapolare dall'esperienza passata l'evoluzione di fatti futuri, dando luogo così a contatti sempre più stretti tra sistemi tradizionali di ricerca e tecniche proprie della statistica moderna.
(4)
Implicitamente supponiamo di considerare soltanto decisioni facenti capo ad un unico individuo o centro, prescindendo quindi dalle decisioni di gruppo, malgrado non manchino studi approfonditi sull'argomento e non si escluda certo la loro possibile rilevanza nella R.O.
(2)
A questo proposito va sottolineato come i grandi problemi organizzativi derivanti dall'attività bellica nel corso dell'ultimo conflitto, abbiano potentemente contribuito a porre gli studi di R.O. nella forma sistematica attuale. Sull'origine militare della R.O. si potrà utilmente consultare: Kimball-Moorse: Methods of Operations Research - New York John Wiley & Sons Inc. 1951.

A.Longo

e di un indice di preferenza, definito sull'insieme delle "conseguenze" corrispondenti.

Il soggetto sceglie allora una azione la cui "conseguenza"
massimizzi [5] il suo indice di preferenza:

spesso l'insieme delle possibili scelte può rappresentarsi mediante punti di un insieme appartenente ad uno spazio numerico a
un numero opportuno di dimensioni, ed il problema si riduce alla
determinazione di un punto di massimo vincolato per la funzione
indice. Questo tipo di questioni non presenta concettualmente nessun elemento nuovo rispetto all'impostazione data dal Pareto al
problema delle "scelte": in particolare, egli aveva già mostrato
come la soluzione del problema fosse indipendente dalla conoscenza effettiva della funzione di preferenza, essendo legata soltanto alla struttura ordinale delle sue varietà di livello che rimane inalterata in seguito ad una trasformazione monotona e crescente della funzione stessa.

Dal punto di vista puramente analitico va rilevata, rispetto al caso classico, la presenza frequente di vincoli sotto forma di disuguaglianze che, se da un lato rendono più realistica e
flessibile l'impostazione, dall'altro contribuiscono ad introdurre frequentemente punti di estremo al "contorno". [6]

---

(5)
    L'insieme delle azioni "ottime" secondo tale procedimento,
può ovviamente contenere più elementi indifferenti o, come caso
limite risultare vuoto. Non ci soffermiamo sulla possibilità di
sostituire il massimo della funzione indice con l'estremo superiore etc.
(6)
    E' questo il caso, in particolare, della così detta "programmazione lineare", in cui l'insieme dei punti ammissibili, se esiste, coincide con soluzioni di un numero finito di disuguaglianze lineari in n variabili che caratterizzano una figura poliedrica convessa dello spazio ad n dimensioni. Poichè inoltre la funzione indice è supposta anch'essa lineare, l'estremo, se esiste
cade sul contorno e precisamente su di un vertice del poliedro.

./.

A.Longo

E' stato dato così l'avvio a numerosi lavori che si occupano della teoria generale dei "massimi e minimi vincolanti" sotto condizioni meno restrittive di quelle tradizionali [7].

Di grande interesse attuale, per lo stretto rapporto che li lega ai temi del nostro corso, sono le decisioni comportanti un rischio.

Intenderemo con tale denominazione riferirci a situazioni in cui il punto di vista precedente appare generalizzato grazie all'introduzione di un elemento di natura aleatoria.

Supporremo infatti che ad ogni azione sia associato un *insieme* di possibili conseguenze cui corrisponde biunivocamente una classe completa di eventi aleatori incompatibili, invariante per rapporto "all'azione".

La "conseguenza" della decisione adottata dipende allora simultaneamente dall'"azione" scelta, e dall'evento che si verificherà; poichè quest'ultima è una circostanza non prevedibile con certezza, il soggetto che decide deve fronteggiare un "rischio".

Consideriamo per semplicità il caso in cui l'insieme $A \equiv (A_1, A_2, \ldots, A_n, \ldots)$ delle possibili azioni ed $E \equiv (E_1, E_2, \ldots, E_m, \ldots)$ dei possibili eventi siano al più numerabili; l'insie-

,/. Con l'esame di un numero finito di casi è quindi possibile raggiungerlo. La convessità della figura permette però di organizzare la ricerca in modo più efficiente: si può infatti istituire un processo iterativo che, partendo da un vertice generico consenta comunque di pervenire ad uno adiacente, senza diminuire mai ad ogni passo il valore già assunto dalla forma lineare da massimizzare. Chi avesse interesse ad approfondire le applicazioni economiche, in particolare alla teoria dell'impresa, della "programmazione lineare", potrà utilmente consultare il recente volume pubblicato dalla Rand Corporation ad opera di R.Dorfman, P.Samuelson, R.Solow: Linear programming and economic analysis.

(7) Confronta ad es.H.W.Kuhn and A.W.Tucker: Nonlinear programming in Proceedings of the Second Berkeley Symposium on Mathematical Statistics and Probability pp.481-492, University of California Press 1951.

A.Longo

me C delle conseguenze può essere allora utilmente rappresentato

mediante una matrice $C = ||C_{ij}||$ il cui elemento generico C_{ij} in-

dica la "conseguenza" relativa alla scelta dell'azione A_i ed al

realizzarsi dell'evento E_j.

Se il soggetto, tenuto conto dello stato di informazione di

cui dispone, traduce il proprio grado di fiducia nell'avverarsi

degli eventi E_i, in una distribuzione di probabilità su E ,

$p \equiv (p_1, p_2, \ldots, p_m, \ldots)$, la scelta di una azione generica A_i, equi-

vale per lui alla scelta di una particolare distribuzione di pro-

babilità definita su C : quella che assegna, ordinatamente, le pro-

babilità $p_1, p_2, \ldots, p_m, \ldots$, alle conseguenze $C_{i1}, C_{i2}, \ldots, C_{im}, \ldots$,

e probabilità nulla a tutti gli altri elementi di C $^{(8)}$.

Ammetteremo nel soggetto la capacità di estendere il suo giu-

dizio di preferibilità dagli elementi di C alle distribuzioni di

probabilità su C , le quali costituiscono a loro volta un insie-

me P .

Prese quindi due generiche distribuzioni appartenenti a P ,

p',p" , deve valere per il soggetto almeno una delle due relazio-

ni : $p' \geq p"$, $p" \geq p'$, ove il simbolo $\geq$ significa: "*è preferita o

indifferente a*". $^{(9)}$

----

(8)
    Le concezioni obbiettivistiche della probabilità distinguono
il caso in cui "esiste" ed è nota la distribuzione di probabilità su E (decisioni comportanti un rischio), da quelle in cui tali probabilità sono "incognite" o addirittura "prive di significato" (decisioni in regime di incertezza). Questa classificazione non può essere accettata dal punto di vista soggettivo, nè si
vede d'altra parte come potrebbe sostenersi se analizzata con criteri operativi. A nostro modo di vedere, ha senso solo parlare di
problemi in cui esiste una coincidenza più o meno marcata di opinioni tra individui diversi, quale frutto di una comune evidenza
sperimentale più o meno ampia.
(9)
    La validità simultanea delle dure relazioni equivale all'af-
fermazione: p' *indifferente a* p", mentre la validità di una sola
delle due relazioni implica p' *è preferito a* p" oppure p" *è preferito a* p'.

A. Longo

Tali giudizi inoltre devono godere della proprietà transitiva nel senso che, dati tre elementi qualunque: p',p'',p''' appartenenti a P , se $p' \geq p'' \geq p'''$ deve seguirne $p' \geq p'''$. $\qquad$ (10)

Se l'insieme ordinato P e la usuale retta numerica possiedono
lo stesso "tipo d'ordine", esistono allora, ovviamente, infinite
funzioni indici F , definite su P e, conseguentemente, infinite sca-
le numeriche nel senso Paretiano, tali che $F(p') \geq F(p'')$ se e sol_
tanto se $p' \geq p''$.

Diremo per analogia con il caso certo, che l'insieme delle
funzioni F descrive un campo di preferenza aleatoria.

Nel passaggio dal caso certo a quello aleatorio, si presenta
però una circostanza sostanzialmente nuova. Imponendo infatti restrizioni opportune alle relazioni di preferenza tra gli elementi
di P , è possibile provare, per un soggetto determinato che vi si
adegui, l'esistenza di funzioni indici U limitate e lineari, tali
quindi che, se con ovvio significato dei simboli:

$$p = p'a_1 + p''a_2 \quad (a_1,a_2 \geq 0 , \ a_1 + a_2 = 1), \quad U(p) = a_1 U(p') + a_2 U(p''). \qquad (11)$$

---

(10)
$\qquad$ I critici di questa impostazione hanno facilmente provato con
fatti sperimentali che i soggetti nelle loro scelte (in particolare nelle situazioni comportanti rischio) non formulano dei giudizi transitivi. Questa obbiezione, a nostro modo di vedere, non
intacca il valore normativo della teoria che discende da tale i-
potesi, intesa come schematizzazione di un comportamento razionale tipico. D'altronde, la costruzione di una soddisfacente teoria
descrittiva del comportamento economico, analoga a quella valida
per il mondo fisico, è probabilmente un obbiettivo che supera le
nostre attuali possibilità.
(11)
$\qquad$ Ci limitiamo a precisare in termini intuitivi e quindi impre-
cisi dal punto di vista del rigore, il significato delle limitazioni da imporre al campo aleatorio di preferenza, per potergli assegnare una funzione di preferenza lineare. Premettiamo che una
distribuzione di probabilità su di un insieme finito, può essere
interpretata come una lotteria che distribuisce, con probabilità
assegnate, un certo insieme finito di premi: per ipotesi il soggetto deve saper distinguere, dal punto di vista della preferibilità, tra due lotterie generiche. Una combinazione lineare convessa di più lotterie è ancora una lotteria che fruisce però

$./.$

A.Longo

Due qualsiasi di tali funzioni U', U" risultano legate da u-na trasformazione del tipo

$$U' = \alpha\, U" + \beta \qquad\qquad a > 0 \qquad ;$$

fissata quindi dal soggetto l'origine e l'unità di misura, resta in corrispondenza determinata una ed una sola funzione lineare di preferenza. In questo senso va intesa la possibilità di misurare l'utilità, nell'ambito di situazioni comportanti un rischio.

La condizione di linearità per U implica che la sua conoscenza su C è sufficiente a definirla su P giusta la relazione :

$$U(P) = M_p U(o) \qquad p \subset P$$

Infatti ogni distribuzione p $\subset$ P può essere considerata come una combinazione lineare convessa di opportune distribuzioni distinte che appartengono ancora a P : quelle che assegnano il peso 1 ad un elemento di C e peso zero a tutti i rimanenti.

Tornando al problema di decisione, supponendo che il soggetto possieda nel senso precisato una funzione lineare di utilità di cui è nota la definizione su C , egli sceglierà una azione cui corrisponda un indice i che renda massima $^{(12)}$ l'espressione :

---

di una doppia estrazione: la prima determina a quale delle lotterie componente far riferimento, e la seconda è l'estrazione propria della lotteria "estratta" con cui si raggiunge il premio aleatorio. Ciò premesso, date due lotterie che siano ciascuna combinazione lineare convessa di un medesimo numero di lotterie, (con gli stessi pesi nei due casi) se il soggetto giudica quelle relative alla prima combinazione, ordinatamente preferite o indifferenti a quelle della seconda, egli dovrà concludere con la preferenza o al più l'indifferenza della prima combinazione verso la seconda. Inoltre, date tre lotterie, la prima preferita alla seconda che a sua volta lo è alla terza, devono esistere almeno due combinazioni convesse delle lotterie "estreme", tali che una sia preferita alla lotteria intermedia mentre per l'altra valga il viceversa.

(12) Confronta nota $^{(5)}$ a pag.3.

A.Longo

$$\sum_{j} p_{j}\, U(c_{ij}) \qquad (13)$$

In problemi di R.O., usualmente, le conseguenze di una decisione sono rappresentate da importi che traducono algebricamente
differenze tra "entrate ed uscite" in moneta. La U(c) è allora u-
na funzione di variabile reale, definita su di un insieme opportuno di punti della retta numerica: essa traduce la preferenza del
soggetto verso i quantitativi di moneta, nel senso proprio dell'e-
conomia, fondendola però, in modo complesso, con la sua propensione al "rischio", derivante da operazioni aleatorie.

Supponendo nota la U(c) sui punti corrispondenti a successioni opportune, ammessane la continuità, è possibile estenderne la
definizione a tutti i punti di un determinato intervallo. In condizioni ordinarie, tale funzione risulterà, oltre che crescente,
convessa: tale proprietà traduce la circostanza che, in scommesse
eque a testa e croce, il timore di perdere predomina, nel giudizio, sulla speranza di guadagnare.

Un caso, in un certo senso speciale, è quello in cui la funzione U(c) è data dalla relazione:

$$U(c) = ac + b \qquad\qquad a > o \quad ;$$

---

(13)
 L'impostazione dei problemi di decisione nella forma di cui
sopra, così pure come la "misurabilità" dell'utilità in situazioni comportanti un rischio, trae origine diretta dalla "teoria dei
giochi". Non è ovviamente possibile esaminare qui adeguatamente
un argomento di così vasta portata, quantunque non mancherebbero
i nessi con le questioni di R.O. Noi vogliamo semplicemente sottolineare, in questa sede, come a nostro avviso l'importanza fondamentale dell'opera di Von Neumann e Morgestern risieda nel programma inaugurato dagli autori. Essi hanno infatti sottolineato
la necessità di indagare matematicamente le questioni delle scien-
ze sociali e del comportamento economico, con criteri che traes-
sero significato e legittimità dall'analisi genuina delle situazioni, abbandonando le traduzioni sterili dei problemi di una disciplina nel linguaggio proprio di un'altra, soltanto perchè quest'ultima ha magari già raggiunto un maggior grado di sistemazione
"matematica". Per una approfondita analisi critica dei rapporti

./.

A.Longo

cambiando eventualmente l'origine e l'unità di misura, è possibile
allora far coincidere la scala dell'utilità con quella dei valori
monetari. In tale ipotesi, nella scelta tra due distribuzioni, il
soggetto è guidato semplicemente dal *principio del valore medio*
che risulta quindi conseguenza, sotto ipotesi particolari, del-
l'adozione di un indice lineare di preferenza. Si può mostrare
inoltre qualitativamente che la curvatura della U(o), intesa come
misura dello scostamento dall'andamento rettilineo, è in relazione
inversa con. la potenzialità economica del soggetto.

Esaminiamo ora direttamente un semplice esempio che ci per-
metterà sul piano concreto di effettuare ulteriori osservazioni.

Un giornalaio deve decidere quante copie di un certo quoti-
diano acquistare per rivenderle nel corso della giornata. Il ri-
fornimento va stabilito, nel suo ammontare, in una sola volta e
nessun rimborso può ottenersi per le rimanenze eventuali.

Egli d'altra parte, non è in grado di prevedere con certezza quale sarà il numero dei clienti che si presenteranno nel corso di una giornata, e si trova quindi a dover fronteggiare l'e-
ventualità, o di non soddisfare integralmente la richiesta, o di
aver delle copie invendute.

Se il prezzo unitario di acquisto è a (indipendentemente dalla quantità acquistata) e quello di vendita v con $v > a$ la "conseguenza" c_{ij} (relativa all'acquisto di i copie, e all'arrivo di j
clienti) è data allora da :

$$C_{ij} = v \, \text{Min} \, (i,j) - ai$$

---

tra teoria dei giochi e teoria delle decisioni, si potrà consultare : R.Luce H.Raiffa : Games and Decisions, New York Wiley &
Sons Inc. 1957

A.Longo

Supponendo che la curva di "utilità" della moneta per il giornalaio sia rappresentabile mediante una retta, il principio del valore medio è direttamente applicabile: la decisione più opportuna (nell'ambito della impostazione adottata) è quella che corrisponde all'indice i che massimizza l'espressione :

$$D_i = -ai + v \sum_o^\infty \text{Min } (i,j)p_j \tag{14}$$

ove $p_o p_1 \cdots p_m \cdots$ è la distribuzione di probabilità che il giornalaio associa all'eventualità che i clienti siano $0,1,2,\ldots,$ m, ...

Poichè

$$\text{Min } (i+1,j) - \text{Min}(i,j) = \begin{cases} 0 & j \leq i \\ 1 & j > i \end{cases}$$

avremo $D_{i+1} - D_i = -a + v \sum_{i+1}^\infty p_j$, e al variare di i tale differenza cambia al più una volta di segno.

La condizione $D_{i+1} \geq D_i$ corrisponde ad un incremento non negativo di utilità nel passaggio dalla decisione i alla decisione i+1 : conviene quindi acquistare un quantitativo di giornali equivalente al minimo valore dell'indice i che soddisfa alla disuguaglianza :

$$\frac{a}{v} > \sum_{i+1}^\infty p_j \quad .$$

Queste semplici conclusioni suggeriscono molte considerazioni anche di carattere generale. Innazitutto la dipendenza del risultato dall'elemento induttivo. La distribuzione di probabilità che rappresenta il punto di vista del giornalaio sull'affluenza dei clienti nel corso di una determinata giornata, è influenzata, oltre che dalla esperienza passata, da tutti quegli elementi che possono arrichire il suo stato di informazione : ad esempio anche

---

(14)   Supporremo $\sum_o^\infty p_j = 1$.

A.Longo

chi disponesse di una "statistica" assai estesa sul passato, difficilmente sarebbe disposto a conformavisi semplicemente, di fronte al verificarsi di una circostanza nuova, capace di innalzare improvvisamente la domanda di notizie da parte del pubblico! Ed ancora la distribuzione stessa potrebbe essere "dedotta" da un modello probabilistico che interpretasse il fenomeno: "arrivo di un cliente", ed il giornalaio potrebbe concentrare il proprio giudizio sui parametri determinativi di tale schema, e su quegli elementi che potessero modificarne, a suo giudizio, il campo di variazione. Nel caso ipotizzato viene ad esempio spontaneo pensare al modello Poissoniano di arrivo a caso, magari in condizioni non stazionarie, ove il numero medio di arrivi (nell'unità di tempo), risulti legato, in qualche modo, all'intensità del traffico pedonale nella zona di vendita.

La relazione (1) mostra poi concretamente come una distribuzione di probabilità possa essere sostituita, nell'ambito del problema in cui interviene, con un elemento certo che ne riassuma e condensi le proprietà : (nel nostro caso il valore i che soddisfa la (1)); non esiste infatti un principio che giustifichi in generale, in tale ufficio, l'introduzione della media, o della mediana, o di qualche altro frattile della distribuzione: tale sostituzione va effettuata volta per volta tenendo conto di tutti i dati che condizionano il problema: in particolare, nel caso nostro, l'elemento essenziale risulta essere il rapporto tra il costo unitario di acquisto e quello di vendita.

Diversa avrebbe potuto essere la conclusione se l'impostazione del problema fosse cambiata, o in qualcuno degli elementi economici (costo unitario di acquisto funzione della quantità, valore di recupero delle copie invendute etc) o ad esempio nell'at-

A.Longo

titudine del soggetto a fronteggiare il rischio (introduzione di un diagramma di utilità "curvo").

Queste semplici osservazioni valgono anche a sottolineare come, sostanzialmente, in un problema di R.O. poco conti l'accetta- zione pura e semplice di un risultato di natura analitica, se quest'ultimo non è completato da un'analisi approfondita, che valga a stabilire il campo di validità dei risultati e la loro dipenden- za dalle ipotesi adottate. Inoltre, il criterio di giudicare ex- post la bontà della politica seguita in funzione della decisione adottata e dell'evento che effettivamente si è realizzato, è fon- dato su di un equivoco. La razionalità della decisione può essere sensatamente indagata solo relativamente agli elementi di giudizio che erano disponibili ex-ante. Lo sforzo di chi decide deve essere teso ad arricchire ed ampliare il proprio stato di informazione per ridurre quanto più possibile il "costo dell'incertezza", che non può tuttavia esse annullato, (senza l'intervento di facoltà di- vinatorie) essendo intrinsecamente legato alla natura aleatoria del problema : la realizzazione di un evento connesso ad una decisione passata, non ha più alcuna rilevanza, salvo che come elemento nuo- vo di giudizio capace di influenzare il corso di una decisione fu- tura.

[Chi desiderasse notizie più approfondite può consultare il volume, già citato durante le lezioni del corso : R.Schleifer: Pro- bability and Statistics for Business Decisions Mc Graw-Hill Book Company 1959].

Il problema del giornalaio è un caso elementare della "teoria delle giacenze" (o "delle scorte"), che costituisce uno dei capi- toli più estesi e ricchi di applicazione, nell'ambito della R.O. La generalità delle ipotesi ivi introdotte, per adeguarsi alle si-

A.Longo

tuazioni reali, rende spesso assai complicato sia il "calcolo delle conseguenze", che il problema di estremo connesso, al punto da
richiedere a volte l'introduzione di tecniche analitiche non usua-
li.

Ciò, se da un lato aumenta l'interesse che un matematico può
avere a tali questioni, dall'altro rende impossibile a questo punto trattarne adeguatamente. Mi limiterò a segnalare a tale riguardo una recente pubblicazione a cura di un gruppo di ricercatori
della Stanford University:

K.J.Arrow, S.Karlin, H.Scarf ed altri : Studies in the Mathematical Theory of Inventory and Production, Stanford University Press -
Stanford California 1958.

Citerò ancora un'ampia raccolta di tecniche matematiche impiegate a risolvere i problemi di ricerca operativa :
T.L.Saaty : Mathematical Methods of Operations Research
Mc Graw-Hill Book Company 1959,
ed infine una classificazione bibliografica, compilata con criteri di completezza, dei lavori, considerati di R.O., apparsi
sino al 1957 :
"A Comprensive Bibliography on Operations Research - New York
John Wiley & Sons, Inc".

Concludiamo ricordando la recente affermazione fatta da :
G.-Th.Guilbaud [15] secondo cui fin dal 1776 Monge avrebbe posto,
sembra per primo, il problema di determinare le regole per la
scelta economica di un programma di trasporto: era in germe l'i-
dea che avrebbe trovato nel 1942 (pur attraverso notevoli anteriori elaborazioni) pieno compimento nelle teorie della programmazione lineare. L'Autore francese, così noto per l'acutezza e

---

(15)
    Prefazione alla traduzione francese del testo di S.Vajda :
Théorie des jeux et Programmation lineaire - Dunod 1959

A.Longo

la profondità dei suoi giudizi critici, rilevando come siano stati necessari 160 anni perchè il pensiero di Monge trovasse realizzazione, osserva come forse, oggi, vi sia minor rischio di dimenticare che i matematici, così utili per dominare il mondo materiale, "ne sont pas moins efficaces quand il s'agit de gèrer ou d'or-
ganiser les affaires humaines". Si potrebbe forse aggiungere : oggi si va acquistando piena consapevolezza che, non solo i grandi
modelli della filosofia naturale, ma anche le situazioni concrete
della vita di ogni giorno, se indagate con adeguato spirito di fi-
nezza, danno luogo ad una problematica così ricca da suggerire alla matematica vie nuove.